これからはじめる「情報」の基礎

プログラミングとアルゴリズム

株式会社メディックエンジニアリング

谷尻かおり　著

谷尻豊寿　監修

技術評論社

コンピュータにお願いすれば、何でもできる！　イラストも描いてくれるし、作文も書いてくれる。困ったときには解決のヒントも教えてくれるし、プログラムも作ってくれる。コンピュータがあれば、何だってできる時代になった！　だから……。ここに、あなたはどちらの文をつなげますか？

(A) **だから、もう勉強する必要はない**
(B) **だからといって、コンピュータまかせにはできない**

何でもできるコンピュータの正体は、AI（人工知能）です。中でも**生成系**と呼ばれる AI は、インターネットにつながる環境さえあれば、誰でも自由に利用できます。すでに使ったことがあるという人も、たくさんいるでしょう。そして AI の成果物を見て、「すごい！」と感心したり、「うーん……」と首を傾げたり。その時々で結果が大きく変わるのは、AI がインターネット上にある膨大な量の情報を、ただひたすら処理することで答えを出しているからです。人間のように「ああでもない、こうでもない」と試行錯誤しながら新しい何かを生み出しているわけではありません。いまある情報を処理した結果、「こんなものができた」というのが、生成系 AI の成果物です。AI が出した答えには誤りがあるかもしれない、といわれるのは、そのためです。

とはいえ、世の中には AI が作った素晴らしい作品がたくさんあります。それらは、「こういうものを作りたい」という、作者の具体的なイメージや明確な意思がきちんと AI に伝わったからこそ生まれた作品です。なんだかよくわからない？　では、想像してください。朝ごはんに「目玉焼きが食べたい」というよりも、「白身の端っこはカリカリに焼けていて、だけど黄身はトロっとしている目玉焼きが食べたい」といったほうが、自分のイメージにぴったりの目玉焼きが出てきそうでしょう？

いま主流になっている生成系の AI には、何を作ってほしいかを言葉や文章で入力しなければなりません。このときに必要になるのが**伝える力**です。同じ「目玉焼き」でも、伝え方次第で、出来上がりは大きく変わるでしょう？

この本は、情報を整理する方法や、特定のプログラミング言語を学習するためのものではありません。また、AI のしくみや使い方を説明したものでもありません。この本の主題は、たったひとつ、

どうすればコンピュータに私たちの意思を伝えられるのか

——これだけです。

なんだか物足りないと思うかもしれませんが、これさえできれば、コンピュータは私たちの力強い味方になってくれます。何しろコンピュータは、私たちが想像できないくらい大量の情報を、高速に処理できるのですから。

ただ、いま世の中にあるAIは、すでにある情報を使って何かを作り出すことはできても、新しい何かを**思いつく**ことはできません。それができるのは人間だけです。そして、その思いつきをきちんと言葉で表すことができたら……。AIはこれまでとは違った何かを作り出すかもしれないし、少しがんばってプログラミング言語に翻訳したら自分でコンピュータを動かすことだってできるのです。これって、すごいことだと思いませんか？

　この本にはコンピュータに命令するときのポイントをギュッと詰め込みました。AIを使ってみたい、あるいはプログラムを作ってみたいと思っている多くのみなさんに、この本が届くことを、そして次の一歩を踏み出すきっかけになることを願っています。

　本書の執筆にあたり、株式会社 技術評論社の跡部和之 編集局長から多くのヒントをいただきました。心より御礼申し上げます。

　2023年7月

谷尻かおり

第**3**章
プログラムを書こう！　　　　　　48

第**4**章
データの入れ物 70

第**5**章
コンピュータの演算　　　89

データをまとめて入れる箱 157

第**8**章
プログラムの部品を作る　　191

5 改訂2版：ロボボのお使いプログラム　**215**

第**9**章
日本語からプログラミング言語へ　219

第 **10** 章 情報を整理する力

情報とコンピュータ

新聞やテレビのニュース番組で取り上げられる事柄。友だちや会社の同僚と共有する知識。たくさん並んでいる商品の中から「これ！」と選ぶための判断材料。名前や生年月日、出身校や電話番号、スマートフォンの地図に表示される自分や友だちの居場所……。私たちは毎日、たくさんの「情報」に囲まれて生活しています。その情報を処理するために、コンピュータが大活躍しています。

1 「情報を処理する」ってどういうこと？

みなさんは「コンピュータが情報を処理する」という言葉から、どんなことをイメージしますか？　理数系の大学で勉強するような難しい数式を大量に解くこと？　それともAI[*1]？──もちろん、どちらも正解です。でも、本当は、もっと単純なことなのです。

私たちが無意識に ⮞
行っている情報処理

突然ですが、クイズです。「ン」「サ」「ッ」「ー」「ダ」「レ」「パ」、この7文字を並べ替えると、ある動物になります。答えは何でしょう？──見た瞬間にわかったという人も、頭の中で何をしていたか考えてみてください。本当は1文字ずつ確認しながら、ああでもない、こうでもないと順番を入れ替えていませんでしたか？　これが**情報を処理する**という作業です。もう一度、過程を意識しながら確認しましょう。

文章を読みながら頭の中に入れた「ン」「サ」「ッ」「ー」「ダ」「レ」「パ」の7文字が**情報**です。この情報を使って順番を並べ替える作業──つまり、**処理**をして、その結果「レッサーパンダ」という単語を導き出した。──これが、いま、私たちが行った情報処理です。

実は**コンピュータが情報を処理する**という作業も、これとまったく同じです。

───────────

＊1　*Artificial Intelligence* の頭文字をとってAI。日本語では**人工知能**です。

コンピュータの情報 ➡
処理も私たちと同じ

私たちは文章を読むことで情報を頭の中に入れましたが、コンピュータの場合はキーボードやマウス、カメラやマイク、センサなどを使って情報を取り込みます。**入力する**と表現したほうがわかりやすいかもしれませんね。そして、入力した情報を使って何らかの**処理**をして、その結果を画面に表示したり、時には音を鳴らすという形で**出力する**──これがコンピュータの情報処理です。

「『何らかの処理』なんて、何のことだかさっぱりわからない！」といいたい気持ちはよくわかります。それはこの後で少しずつ説明しますから、いまは図1-1をしっかり覚えておきましょう。「情報を処理する」とは、

情報を入力して、何らかの加工をして、新しい情報を出力する

という、たったこれだけのことなのです。そして、**情報を処理することこそが、コンピュータにできる唯一の仕事**です。

図1-1
「情報を処理する」って、こういうこと

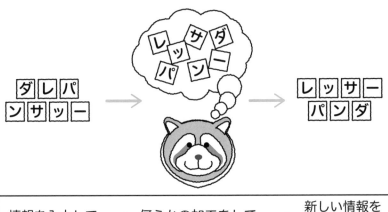

情報を入力して ➡ 何らかの加工をして ➡ 新しい情報を出力する

② 情報×コンピュータ=快適な暮らし

身近なところにコン ➡
ピュータはたくさんあ
る

みなさんはパソコン（パーソナルコンピュータ；*Personal Computer*＝PC）やスマートフォン（*smartphone*）をどんなときに使っていますか？　学校や職場に提出する資料を作ったり、オンラインでミーティングをするときや動画を見たりするときはパソコン、友だちや同僚と連絡を取り合ったり、音楽を聴いたり写真を撮ったりするときはスマートフォンのように、2つをうまく使い分

けている人も多いでしょう。

　では、パソコンとスマートフォン以外に使っているコンピュータはありますか？　え、何も使っていない？　そんなはずはありません。私たちの日々の暮らしは、たくさんのコンピュータに支えられているのです。

2.1　リモコンが情報を処理する？

　あなたの部屋にリモコンはありますか？　部屋の照明用、エアコン用、レコーダー用、テレビ用など、いろいろ持っていませんか？　ひとつもないという人でも、これらのリモコンが何をするものかは知っていますね？

　リモコンを正しく表記するとリモートコントローラ、日本語に直すと「遠隔(remote)制御装置(controller)」となるでしょうか。その名のとおり、リモコンは、離れたところから機器を操作するための道具です。照明用のリモコンは、ボタンを押すだけで部屋の照明を点けたり消したりしてくれます。また、エアコン用のリモコンは電源のオン／オフだけでなく、設定温度を変えたり風の強さや向きを調節したりすることもできます。このようにボタンを押すだけでいろいろなことができるのは、リモコンの中に組み込まれている小さなコンピュータが情報を処理しているからです。

リモコンは赤外線の → 　たとえばエアコン用のリモコン（――の中にあるコンピュータ）は、電源ボ
点滅を出力する　　タンが押されたことを感知すると「○×社のエアコンの電源」という信号を作り、それを赤外線という、目に見えない光の点滅に変換してエアコンに送っています。押されたボタンが温度を上げるためのボタンのときは「○×社のエアコンの温度を上げる」という信号を作って送信します。ほら、このように「ボタンの種類」という情報から「赤外線の点滅」という新しい情報を作って出力しているでしょう？

　リモコン（――の中にあるコンピュータ）が情報を処理してくれるおかげで、私たちは快適に暮らしています。「リモコンひとつで大袈裟だなぁ」と思ったあなた、もしもエアコンのリモコンを失くしたらどうなるでしょう？　エアコンは部屋の天井付近に設置されているのが一般的です。リモコンがなかったら電源を入れるのも一苦労です。そして、リモコンを使わずに設定温度を変えるのは……スマートフォンと連携できるエアコン*2であれば話は別ですが、そうでないなら温度を変えることはおそらく無理です。

---

*2　この後の「2.5　つながることで広がる世界」(23ページ)で登場します。

2.2 姿の見えないコンピュータ

さて、リモコンから送られた赤外線の情報を処理するには、やはりコンピュータが必要です。ということは？　そう、リモコンで操作できる家電のすべてにコンピュータが組み込まれています。

**赤外線の信号で家電 ⮕
が動作するしくみ**

これらのコンピュータは、赤外線の信号を受信すると、それを解読して「○×社のエアコンの電源」という元の情報に戻します。この情報を受け取ったのがエアコン（——の中にあるコンピュータ）であれば「○×社のエアコンは自分のことだ！」と判断して運転を開始するとか、反対に運転中のときには停止する処理を行います。「○×社のエアコンの温度を上げる」であれば、設定温度を1度上げる処理を行います。もしも同じ赤外線を照明（——の中にあるコンピュータ）が受信した場合には、その内容を解読し「私は○×社のエアコンじゃないから関係ないわね」と判断して終わりです。照明が点いたり消えたりすることはありません。それぞれの中にあるコンピュータが情報を正しく処理しているおかげで、私たちは離れたところから安心して機器を操作できるのです。

ところで、あなたの家にリモコンがない家電はありませんか？　一般的に電子レンジや冷蔵庫、炊飯器、洗濯機、掃除機などにはリモコンが付属していません。「それならコンピュータは入っていないの？」と思うかもしれませんが、これらの家電には赤外線以外の情報を処理するためのコンピュータが組み込まれています。

**いろいろな情報を使っ ⮕
て動作する家電たち**

たとえば、電子レンジの中のコンピュータが扱う情報は「食品の温度」や「重さ」です。あたためボタンを押すだけで冷たいごはんがホカホカになるのは、ごはんの温度をつねに監視して、食べごろになったところで温めるのを停止するからです。また、掃除機のコンピュータは「床の材質」や「ホコリの量」といった情報を使って、吸い込む力や排気の量を調節しています。冷蔵庫にも洗濯機にも、家庭にある電化製品のほとんどに、何かしらの情報を処理するためのコンピュータが組み込まれています。そう考えて部屋を眺めると、たくさんのコンピュータに囲まれて生活していることがわかるでしょう？

**情報をやり取りする ⮕
コンピュータたち**

そして、あなたの財布やパスケースにも、おそらくコンピュータが入っています。「え？」と思ったあなた、電車やバスを利用するときにカードをピッとタッチしていませんか？　このカード（ICカード）にもコンピュータが入っています。「電池もないのにどうやって動くの？」と不思議に思うかもしれませんね。

カードの中のコンピュータは、改札機に近づくと自動的に電源が入るしくみになっています。そして、改札機との間で情報をやり取りして、互いに使用できると判断した場合は「○月×日、□□駅で入場、残高△△円」のような情報をカード自体に記録します。改札を出るときも同じように情報をやり取りして

「〇月×日、◇◇駅で出場、残高▽▽円」のように情報を書き換えます。一方、改札機側のコンピュータは、カードとやり取りした情報をもとにゲートを開けたり、場合によってはピンポーンと音を鳴らしたりします。このときゲートは開きませんが、それはコンピュータが情報を処理して「このカードは利用できない」と判断した結果です。

　ここまで見てきたように、私たちの暮らしは、たくさんのコンピュータに支えられています。ただ、その姿が見えていないので「コンピュータを使っている」という意識はなかったかもしれませんね。なお、リモコンと家電、ICカードと改札機のように、コンピュータどうしで情報をやり取りすることを**通信する**というので覚えておきましょう。

2.3　苦手なことはロボットにおまかせ

　じっとしているだけなのに、なぜか溜まってくるホコリ。「掃除機をかけなくちゃ！」と思いつつ、今日も明日も仕事があるし、かといって夜は近所迷惑だし……。そんな人たちの救世主となったのが、留守中に自動で掃除をしてくれるロボットです。壁や階段に進路を阻まれたら向きを変え、家具やペットを避けながら休むことなく掃除をし、終われば充電台に戻る ── 一連の作業をするために、掃除用のロボットはいろいろな**センサ**を使って情報を集めています。「検出器」という意味のセンサ (*sensor*) の役割は、光や音、温度や圧力など人間が感覚で捉えているものを、コンピュータで扱える情報に変換することです。

センサはコンピュータ ➔
に情報を伝える装置

　たとえば、前方に障害物があるかどうかを調べるときに使うのが赤外線センサです。赤外線はリモコンと家電との通信にも使われますが、間に障害物があるとうまく作動しないでしょう？　これは赤外線が物体に当たって反射するのが原因です。掃除用ロボットの赤外線センサは、照射した赤外線が反射して戻ってくるまでの時間を利用して、障害物までの距離を調べる装置[*3]です。障害物が遠ければ時間は長くかかりますが、接近すればするほど短くなりますね（次ページの図1-2）。

＊3　反射した赤外線がセンサに入ってくる角度（入射角）を利用して距離を測るタイプもあります。

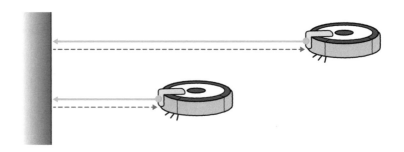

図1-2

壁にぶつかって戻ってくる
時間はどっちが早そう？
壁に近いのはどっち？

掃除用ロボットが障 ⊖
害物を避けるしくみ

ロボットの底面に赤外線センサがあれば、床に反射して戻ってくるまでの時間がわかります。ずっと一定だった時間が突然長くなったら……？　そうです、そこに床はありません。なんとかしないとロボットが落ちてしまいます。そうならないように、ロボットの中のコンピュータは赤外線センサからの情報をつねに監視して、タイヤの向きやスピードを調節しています。

ほかにも、部屋の状況を確認するためにカメラを使ったり、圧力センサを使って何かにぶつかっていないかどうかを確認したりしているのですが、これらのセンサを使って情報を集めることを「**計測する**」、集めた情報を使ってタイヤの向きやスピードを調節する[*4]ことを「**制御する**」というので覚えておきましょう。もうひとつ、**コンピュータ制御**という言葉を聞いたことはありませんか？これは、計測から制御までをまとめたものという理解でかまいません。掃除用ロボットのしくみがわかれば、コンピュータ制御も難しくないでしょう？

自動車は走る ⊖
コンピュータ

みなさんが想像するように、いまは多くの「モノ」がコンピュータ制御になっています。走る、止まるが基本の自動車も例外ではありません。みなさんは運転免許証を持っていますか？　アクセルを踏んで発進、ハンドル操作で進路変更、ブレーキを踏んで停止のように、車を動かすこと自体は難しくないのですが、運転中はつねに周囲の状況に注意を払わなければなりません。一瞬の油断が事故につながるからです。ところが、残念なことに、人間の集中力には限界があります。そんな人間の欠点を補ってくれるのが、車に組み込まれたコンピュータです。

たとえば前を走る車に一定の間隔を空けて追随する機能や障害物を検知して自動でブレーキをかける機能、そのしくみは掃除用ロボットが壁や家具を避けるのと同じです。ただ、屋外を高速で走る車の場合、センサが汚れている、濃

[*4]　実際にタイヤを動かしているのはモータです。このようにコンピュータからの命令で動く装置のことを**アクチュエイタ**（*actuator*；作動装置）といいます。*actuate*は「作動させる、行動させる」という意味です。

い霧がかかっているなど、何らかの理由で赤外線の反射をうまく捉えられなかったら大変です。そんな事態に備えて、赤外線とは別の種類のセンサ[*5]やカメラ[*6]を使って、たくさんの情報を集めて対象物までの距離を計測し、アクセルやブレーキを制御しています。また、走行中に車線をはみ出したら警告音を鳴らしたり、車庫入れのときには運転席から確認しにくい周囲の状況をモニタに表示すると同時に障害物までの距離を音の違いで知らせるなど、センサやカメラから入力した情報はいろいろな形で利用されています。コンピュータが手助けしてくれるおかげで運転が楽になったと感じている人も多いのではないでしょうか。

2.4 コンピュータが知能を持った？

　スマートフォンを持つようになってから、カメラはとても身近な存在になりました。友だちどうしで写真を撮ったり、自分撮りをしたりする機会も多いでしょう？　そのときに顔を囲む四角い枠が表示されませんか？　カメラが自動で顔を見つけてピントを合わせ、さらに肌の色がきれいに写るように明るさ（露出）まで調整してくれるおかげで、誰もが失敗のない、きれいな写真を撮れるようになりました。でも、どうやってカメラ（——の中のコンピュータ）は「顔」を見つけているのでしょう。まったく想像できない？　では、質問です。図1-3は何に見えますか？　そう見えた理由も考えてください。

図1-3

楕円の中に黒丸が2つ、
直線が1つ……

コンピュータが
顔を見つけるしくみ

　おそらく、多くの人が「顔」だと思ったのではないでしょうか？　理由は、楕円の中の黒丸や直線の配置が、人間の目、鼻、口の配置とよく似ているからです。もちろん、細かな部分は人それぞれですが、輪郭に囲まれたパーツの位置関係は変わりませんね。カメラが顔を見つけるしくみも、基本は私たちと同

＊5　周囲の明るさや天候の影響を受けにくいミリ波や、対象物の色や材質の影響を受けにくい超音波を使ったセンサがあります。

＊6　2台のカメラを使うと、周囲の景色を立体的に捉えることができます。

じです。撮影シーンの一部分だけが見える小さな窓を動かしながら、その中に図1-3のようなパターンがないかを順番に探している[7]のです。

コンピュータによる顔認識も原理は同じ →

ところで、みなさんのスマートフォンのアルバムに、同じ人が写っている写真をまとめる機能はありませんか?「この人は太郎くん、こっちは花子さん……」と私たちが見分けられるのは、それぞれの顔の特徴を記憶しているからです。目の形／大きさ、瞳の色、まぶたの形、まつげの濃さ／長さ、両目の間隔、眉の形／太さ／濃さ……目元だけでも見分けるポイント(特徴)はたくさんありますね。そのひとつひとつを図1-4のようなスライダで調整する様子を想像してください。たった一度しか会ったことがない人の顔はぼんやりしていて、うまく調整できませんが、何度か会っているうちに「ここ!」という位置が決まりそうでしょう?

図1-4 スライダの位置は人それぞれで違う

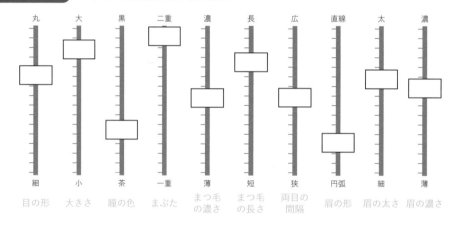

丸	大	黒	二重	濃	長	広	直線	太	濃
細	小	茶	一重	薄	短	狭	円弧	細	薄
目の形	大きさ	瞳の色	まぶた	まつ毛の濃さ	まつ毛の長さ	両目の間隔	眉の形	眉の太さ	眉の濃さ

コンピュータが顔を見分けるしくみ →

コンピュータも同じです。最初に顔が写っている部分を見つけて、そこにどのような特徴[8]があるかを調べ、スライダを調整しています。ただ、私たちが初めて会った人の顔をはっきり覚えるのが難しいように、コンピュータも一度で人の顔を見分けるだけの特徴をつかむことはできません。しかし、たくさんの写真を見てスライダを何度も調整すれば、やがて「この人は太郎くん」と見分けられる[9]ようになります。このスライダを調整する過程を**コンピュータが学習する**のように表現するのですが、聞いたことはありませんか?

---

[7] **パターン認識**という技術です。

[8] ただし、コンピュータは「目の形」や「大きさ」など、具体的なパーツごとにスライダを調整しているわけではありません。

[9] アルバムに保存されている写真から人の顔を見つけてスライダを調整し、そのスライダの値が似ている写真をまとめたら……、同じ人が写っている写真をまとめて表示できそうですね。

生成AIの登場でAIは
一気に身近になった ➡

コンピュータの性能が進歩したおかげで、AIは誰もが利用できる身近な技術になりました。パソコンやスマートフォンを覗き込むだけでロックを解除してくれたり[*10]、話しかけるだけで近くにあるレストランを教えてくれたり、興味のあるニュースやおすすめの商品を教えてくれたり、さらには「宇宙を雄大に泳ぐクジラの絵を描いて」と指示するだけでそれらしいイラストを描いたり、あるいは「じゃがいもとほうれん草と豆腐を使った料理を教えて」と質問すると料理の先生のように作り方まで丁寧に教えてくれたり、テーマと構成を伝えるだけで特定の文書を作成してくれたり……。まるで対話をしているかのように答えてくれるこれらのAI[*11]の登場で、私たちは意識せずに使っていたAIを「積極的に」使うようになりました。

AIもスライダを
調整している ➡

しかし、便利な反面、AIが何をしているのかわからなくて不安を感じる人も多いでしょう。また、日本語の「人工知能」という言葉の響きから、コンピュータが自ら考える力を持ったと思うかもしれませんが、それはもう少し先の未来の話です。いまの段階では **AIはたくさんの情報をもとに、スライダを調整しながら答えを見つけている** ──そう考えてみてはどうでしょうか。

2.5 つながることで広がる世界

リモコンを手にしたことで、私たちは寝ころんだまま部屋の照明やエアコンを操作できるようになりました。また、スマートフォンを手にしたことで、自分が「したい」と思ったときにインターネットを利用して話題のニュースを検索したり、部屋から一歩も出ずに食べたいものや欲しいものを注文したりできるようになりました。そして、照明やエアコンがインターネットにつながるようになって、私たちはリモコンを手放せるようになりました。ここでまた「リモコンくらいで大袈裟だなぁ」と思ったかもしれませんが、家電がインターネットにつながる──つまり、スマートフォンで操作できるようになったことで、遠隔操作できる範囲は格段に広がりました。冬の寒い日に外出先からエアコンを操作して、帰るまでに部屋が温まっていたら……。想像するだけで、ほっとしませんか?

人間だけでなく「モノ」
もインターネットに
つながって通信する ➡

いま、インターネットを利用するのは、パソコンやスマートフォンを持った「人」だけではありません。たくさんの「モノ」がインターネットにつながって、自ら通信しています[*12]。そのおかげで私たちは、遠く離れた場所からエアコン

[*10] 顔を見つける技術を**顔検出**(または**顔認識**)、それが誰なのかを特定する技術を**顔認証**といいます。

[*11] **生成系AI**(または**生成AI**、**対話型AI**とも)と呼ばれています。

[*12] *Internet of Things* の頭文字をとって**IoT**という言葉で表すこともあります。日本語では「モノのインターネット」といいます。

を操作したり、部屋に設置したカメラからの映像で留守中のペットの様子を観察したりできるようになりました。また、路線バスが自分の居場所を送信し、それをバス停が受信することで「3つ前のバス停を通過」「まもなく到着」といった案内が表示されるようにもなりました。あとどのくらいでバスが来るかがわかれば、そのままバスを待つ、あるいはタクシーや電車に乗り換えるなど、私たちもイライラせずに次の行動を決められますね。

日々の暮らしを支える ➡️
技術の根幹にあるの
が情報処理

　あらゆる「モノ」がインターネットにつながるようになって、かつての「人」が中心にインターネットを利用していた頃とは比べものにならないくらい、いろいろな種類の情報が大量に、ものすごい速さで更新[13]されるようになりました。さらに、大量の情報を処理する技術が進歩したおかげで、できるようになったことがたくさんあります。身につけた時計や衣類から体温／血圧／心拍数などを取得して健康管理に役立てる、車載カメラが撮影した画像を使って電柱のカラスの巣を見つける、ドローンが撮影した画像を使って橋脚やトンネル内のひび割れや農場の病害虫の発生を見つける、斜面に設置した雨量計や振動計の情報から異常を検知する……。挙げればきりがありません。そして、誰もが夢だと思っていた「空飛ぶクルマ」や「自動車の完全自動運転化」も、もうすぐ現実になろうとしています。

　これから先も情報は増え続け、それを処理するためにコンピュータは、これまで以上に必要になるでしょう。でも、覚えておいてください。コンピュータが活躍するのは「**情報を処理する**」[14]工程だけです。大量にある情報をどう利用するのか、その情報を使って何ができるのか。それを考えるのは、私たち人間にしかできないことなのです。

---

[13] これを**ビッグデータ**といいます。
[14] もう一度、最初の「**1　情報を処理する**」ってどういうこと？」(15ページ)に戻って確認しましょう。

第**2**章 コンピュータのしくみ

いつのまにか生活の中に広く浸透したコンピュータ、いまさら手放すなんて絶対にできませんね。これから先も、私たちはコンピュータとともに生活することになります。それならば、ほんの少しだけ付き合い方を変えてみませんか？　これまでは「ただ使う」だけだったコンピュータを「しくみを知って使う」に変えるだけで、きっと新しい発見があるはずです。

1 コンピュータが情報を処理する方法

インターネットを使ってできること、いろいろありますね。ニュースを読んだり、音楽を聴いたり、動画を見たり……。インターネットの世界には、さまざまな種類の情報が溢れています。信じられないかもしれませんが、コンピュータは、これらの情報をすべて電気信号のオンとオフだけで表現しています。

■ 1.1 コンピュータが数を数える方法

私たちは、0、1、2、3、4、5、6、7、8、9の10個の数字を使って0、1、2、3……のように数を数えます。9までのすべての数字を使い切ったら、桁をひとつ繰り上げて10、11、12……ですね。このように10個の数字を使って数える方法を**10進法**、それによって表される数値を**10進数**といいます。

コンピュータは0と1 ➡
で数を数える

一方、コンピュータが使うのは0と1の2つの数字だけです。数の数え方は10進法と同じで、0、1の2つの数字を使い切ったら桁をひとつ繰り上げて10、11、ここで再び桁を繰り上げて100、101、110、111……です。この方法を**2進法**、2進法で表した値を**2進数**といいます。でも、どうしてコンピュータは10進法ではなく、0と1だけを使って数を数えるのでしょう？

答えは、コンピュータが豆電球と同じように電気で動く機械だからです。豆

電球は電気が流れると点灯しますが、それ以外——つまり、電気が流れていないときは消えていますね。電気が流れている状態がオン、電気が流れていない状態がオフです。オンを1、オフを0とすると、2つの数字があれば十分でしょう?

電気で動く機械はすべて電気信号のオンとオフ、2つの情報だけを使って動いています。たとえば、リモコンのボタンが押された場面[1]を考えてみましょう。メーカー名や家電の種類、命令ごとに表2-1～表2-3のようなID番号を割り振っておけば、「A社のエアコンの温度を上げる」という命令は「122」という数値で表すことができますね。さらに、それぞれの番号を3桁の2進数で表すという決まりで変換すると、「122」は「001 010 010」になります[2]。これなら電気信号のオンとオフで表せるでしょう?

表2-1
ID番号表①:メーカー名

メーカー	ID
A社	1
B社	2
C社	3
D社	4
E社	5

表2-2
ID番号表②:家電の種類

種類	ID
照明	1
エアコン	2
扇風機	3
テレビ	4
レコーダー	5

表2-3
ID番号表③:命令

命令	ID
電源	1
温度を上げる	2
温度を下げる	3
ボリュームを上げる	4
ボリュームを下げる	5

---

*1　リモコンの働きについては、第1章「**2.1　リモコンが情報を処理する?**」(17ページ)を参照してください。
*2　10進数と2進数の対応表は【豆知識】(次ページ)内の表2-4を参照してください。

今度は算数の足し算を見てみましょう。たとえば「2＋5を計算しなさい」という命令——これも、2を「10」、5を「101」のように置き換えれば、電気信号のオンとオフだけで表すことができます（図2-1）。

図2-1
2＋5を計算する

$$\begin{array}{r} 2 \\ + \ 5 \\ \hline 7 \end{array} \qquad \longrightarrow \qquad \begin{array}{r} 10 \\ + \ 101 \\ \hline 111 \end{array}$$

10進数　　　　　　　　2進数

コンピュータには 情報の数値化が必須 ➡

10進法に慣れ親しんだ私たちにとって、たった2つの数字で数える2進法はとても厄介ですが、コンピュータにはとても自然な数え方です。そして、リモコンの操作を数値から電気信号に置き換えることができたように、ショッピン

豆知識 10進法と2進法、16進法

表2-4に、0〜20までの10進数と2進数、そして16進数を示しました。この表があれば「C社の扇風機の電源」や「E社のテレビのボリュームを上げる」という命令も、電気信号のオンとオフに変換できますね。

ただ、表2-4を見てもわかるように、2進法の値はすぐに桁が大きくなって、私たちには扱いにくい値です。そんな私たちの悩みを解決してくれるのが「16進法」です。これは0〜9までの10個の数字とA、B、C、D、E、Fの6つのアルファベットの、全部で16個の文字を使って数を数える方法です。「悩みの解決どころか、余計にわかりにくくなったぞ？」と思うかもしれませんね。16進数の便利さを実感するのは、実際にプログラムを作るようになってからの話です。ここでは、

16進法を使えば、2進法の4桁までの値を1桁で表すことができる

ということを覚えておきましょう。

表2-4 0〜20までの値

10進数	2進数	16進数
0	0	0
1	1	1
2	10	2
3	11	3
4	100	4
5	101	5
6	110	6
7	111	7
8	1000	8
9	1001	9
10	1010	A
11	1011	B
12	1100	C
13	1101	D
14	1110	E
15	1111	F
16	10000	10
17	10001	11
18	10010	12
19	10011	13
20	10100	14

数値は電気信号のオン／オフに変換できる

グサイトに掲載されている商品の写真や説明文、音楽や動画の配信サイトからダウンロードできる音や映像、刻々と変化する気温や風の向き、明るさのような自然界の情報など、

どんな情報も、数値で表現できればコンピュータで扱うことができる

ということに気がついたでしょうか？

1.2 文字の表し方

すべての文字に固有の番号が振られている

「A社のエアコンの温度を上げる」という命令は、ID番号表（表2-1～表2-3）を使うことで0と1に変換できました。これと同じように、文字には表2-5に示すような番号が割り当てられていて、コンピュータの中ではこの番号を使ってそれぞれの文字を表しています。たとえば、表2-5を使うと、大文字のAは「1000001（10進数の65）」、小文字のaは「1100001（10進数の97）」になります。このように文字と番号を対応づけた表を**文字コード**といいます。

表2-5に示した半角英数字と記号以外に、日本語の表記には、ひらがなやカタカナ、漢字も使います。そのすべての文字に番号が割り当てられているのですが、ひとつ注意してほしいのは、

文字コードには、いろいろな種類がある

文字コードの種類が違うと文字が化ける

ということです。もう少し具体的にいうと、文字コードの種類によって「あ」という文字に割り当てられる番号が異なるのです。これが原因で起こるのが**文字化け**という現象です（図2-2）。

図2-2
文字コードの種類を間違うと……

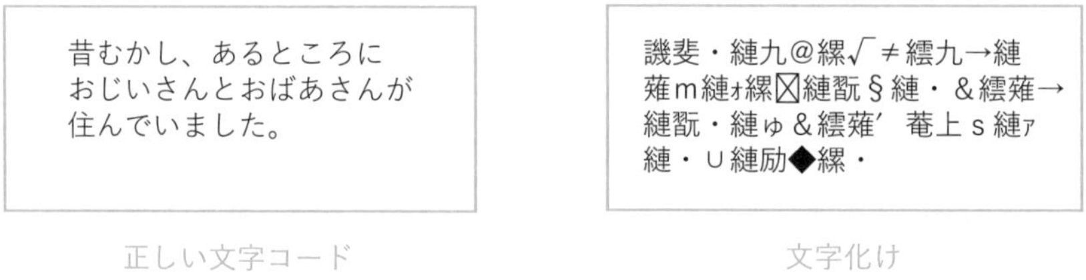
昔むかし、あるところに
おじいさんとおばあさんが
住んでいました。
正しい文字コード
識婁・縺九@繧√≠繧九→縺
薙ｍ縺ｫ繧⊠縺翫§縺・＆繧薙→
縺翫・縺ゅ＆繧薙′ 菴上ｓ縺ｧ
縺・∪縺励◆繧・
文字化け

文書を作るときに使った文字コードと、それを解釈して表示するときに使う文字コードが同じであれば問題ないのですが、異なる文字コードを使った場合は、図2-2の右のように、本来の文字とは違う文字が表示されてしまいます。ここでは、

コンピュータで文字を扱うときは、どの文字コードを使っているかが重要

だということを、しっかり覚えておきましょう。

表2-5 ASCIIコード表

コード	文字	コード	文字	コード	文字	コード	文字
0		32	(SPACE)	64	@	96	`
1		33	!	65	A	97	a
2		34	"	66	B	98	b
3		35	#	67	C	99	c
4		36	$	68	D	100	d
5		37	%	69	E	101	e
6		38	&	70	F	102	f
7		39	'	71	G	103	g
8	(BS)	40	(	72	H	104	h
9	(TAB)	41	)	73	I	105	i
10	(CR)	42	*	74	J	106	j
11		43	+	75	K	107	k
12		44	,	76	L	108	l
13	(LF)	45	-	77	M	109	m
14		46	.	78	N	110	n
15		47	/	79	O	111	o
16		48	0	80	P	112	p
17		49	1	81	Q	113	q
18		50	2	82	R	114	r
19		51	3	83	S	115	s
20		52	4	84	T	116	t
21		53	5	85	U	117	u
22		54	6	86	V	118	v
23		55	7	87	W	119	w
24		56	8	88	X	120	x
25		57	9	89	Y	121	y
26		58	:	90	Z	122	z
27		59	;	91	[	123	{
28		60	<	92	¥	124	|
29		61	=	93	]	125	}
30	-	62	>	94	^	126	~
31		63	?	95	_	127	(DEL)

1.3 画像の扱い方

　たくさんの人が色とりどりのボードを持ってひとつの図柄を表現する人文字、葉の色が異なる稲を植えて巨大な絵を作る田んぼアート……。共通点は、

小さな点が集まって、ひとつの絵が完成する

画像データは
ドット絵の原理

という点です。図2-3は同じ大きさの白と黒の四角形を並べたものですが、これは「OK！」と読めるでしょう？　白を1、黒を0にすれば、電気信号で表すことができますね。

図2-3
電気信号のオンとオフで
文字を表現する

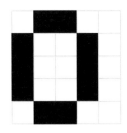
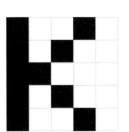
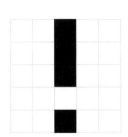

　コンピュータが写真や絵を扱う方法も、基本はこれと同じです。ひとつの画像を**ピクセル**[*3]という細かな点の集まりで表すのですが、0と1だけでは図2-4のようになってしまいます。いつも見ている写真とはかなり違っていて、むしろ芸術作品のようですね。

＊3　日本語では**画素**といいます。

図2-4
0と1だけで表現すると
……

0と1の間を滑らかに ➡
つなげるには

　私たちが住んでいるのは0と1の世界ではなく、その間が滑らかに変化する世界です（図2-5のいちばん下）。それを0と1だけで表現するというのは、とうてい無理な話です。しかし、0と1、色でいえば「黒」と「白」の間を4つに分けると、隣り合う色の変化は少し小さくなるでしょう（図2-5の上から2つめ）？また、8つに分けると、さらに自然になりますね（図2-5の上から3つめ）。

図2-5
0と1の間を分割していく
と……

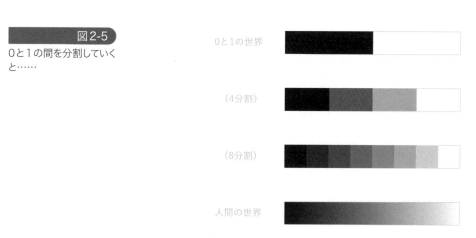

0と1の世界

（4分割）

（8分割）

人間の世界

256段階に分けると ➡
自然になる

　私たちが見ている世界をできるだけ忠実に表現するために、コンピュータは「黒」と「白」の間を256個に分割して、そこに0～255の値を割り当てています（次ページの図2-6）。これによって隣り合うピクセルの色の変化が少なくなり、自然な写真になります。

図2-6　0〜255で表現すると……

255

0

写真の質を決める要素　　　　　　　　　　　　　　COLUMN

　コンピュータが扱う写真の滑らかさは、色数とピクセル数で変わります。色数を**階調**、ピクセル数を**解像度**といいます。デジタルカメラやスマートフォンのカタログで、これらの言葉を見たことがありませんか？　階調も解像度も、どちらも多いほうが滑らかで自然な写真になります（図2-7）。

図2-7　階調と解像度

階調
（色数）

少　　　　　　　　　　　　　　　　　　　　　　　　多

解像度
（ピクセル数）

1.4　色の表現方法

　　　コンピュータのディスプレイに表示されるカラーの写真——これらの色は

すべて**赤（R）**、**緑（G）**、**青（B）**の3色の光[*4]の組み合わせで表現されています。
赤と緑を足すと黄色、赤と青を足すと赤紫色、そして赤に少しだけ緑を足すと
オレンジ色になります。ところで、「少しだけ」足すには、どうすればいいと
思いますか？

カラー画像の原理 ➡

これは0〜255の光の強さで調整します。0はまったく光っていない状態、
255がいちばん強い光です。たとえば、いちばん強い赤にその半分の強さの緑
を足すとオレンジ色ができる、という具合です。それぞれの色は256段階で調
節できるので、その組み合わせは、

$$256 \times 256 \times 256 = 16,777,216$$

となり、およそ1677万色を表現することができます。これだけあれば、私たちが
見ている世界とほぼ同じ色を、コンピュータのディスプレイに表現できます。

📖豆知識 コンピュータが使う大きさの単位

光の強さも、黒から白の間の分割数も、「どうして256なんて中途半端な値なの？」と思ったかもしれ
ませんね。これは、コンピュータが数を数える方法と大きさの単位に由来します。

人間の世界にもmmやcm、gなど、長さ
や重さを表す単位があるでしょう？　コン
ピュータの世界にも情報の量を表す単位とし
て、**ビット**（*bit*）と**バイト**（*Byte*）があります。
ビットは2進数の1桁を表す単位で、1ビット
では0と1の2つの値を表現することがで
きます。2ビットになると0、1、2、3の4つ、
3ビットになると0〜7の8つを表すことが
できます[*5]。

そして、ビットが8個集まるとバイトとい
う単位になります。1ビットで2つの値を表
現できるので、8ビットで表現できる値は、

$$2 \times 2 \times 2 \times 2 \times 2 \times 2 \times 2 \times 2 = 256$$

つまり、1バイトでは0〜255までの256個
の値を表現できます（図2-8）。私たちからす
れば中途半端に見える256という値も、コン
ピュータには基本の値のひとつです。

図2-8	2進数の桁数と表現できる値の範囲

2進数　　　　　　↓ビット　　　10進数

2進数	10進数
0 0 0 0 0 0 0 0	0
0 0 0 0 0 0 0 1	1
0 0 0 0 0 0 1 0	2
0 0 0 0 0 0 1 1	3
0 0 0 0 0 1 0 0	4
⋮	⋮
1 1 1 1 1 1 0 0	252
1 1 1 1 1 1 0 1	253
1 1 1 1 1 1 1 0	254
1 1 1 1 1 1 1 1	255

1バイト（8ビット）

[*4]　これを**光の三原色**といいます。

[*5]　「**1.1　コンピュータが数を数える方法**」の【豆知識】内の表2-4（27ページ）で確認してみましょう。

1.5 音の扱い方

音は空気中を伝わる ➡
振動（波）

「足音を立てずに歩きなさい！」といわれたら、一歩ずつ慎重にそおっと足を動かすでしょう？　なぜだか理由を考えたことはありますか？　実は、音はモノが振動することで発生します。その振動が波のように空気中を伝わって耳に届き、鼓膜を震わせることで音が聞こえるのです。

　「音」は写真や絵、文字と違って、目で見ることはできません。しかし、音が空気中を伝わるときに生じる波は、捉えることができます。それが図2-9です。横軸は時間、縦軸は音の振動が生み出す空気中の圧力変化を表しています。大きな音ほど波は大きく、そして高音になるほど小刻みに振れる波になります。

図2-9

音のカタチ

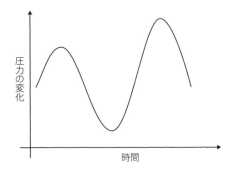

細分化すると ➡
自然な音になる

　この波形のように連続する値をコンピュータで扱うときは「小さく分ける」のが基本です。画像もピクセルという小さな点で扱っていたでしょう？　それと同じです。時間と圧力の変化をそれぞれ等間隔に分割して（図2-10の左）、グラフの縦軸を左から順に8、12、14、11、6、2……と読み取ることで、音も数値で表すことができます（図2-10の右）。

図2-10

滑らかな波を数値で表す

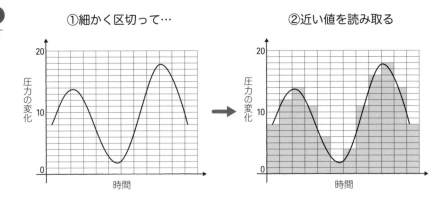

①細かく区切って…　　　②近い値を読み取る

「**1.3　画像の扱い方**」の【コラム】(32ページ) で、写真の質は階調と解像度で変わるという話をしました。音も同じです。時間と圧力変化 (電圧) の分割数[*6]を小さくすればするほど、図2-10の右の棒グラフは元の波形に近づくことは想像できますね。参考までに、音楽CDは1秒間を44,100個、電圧を65,536[*7]段階に分割するという規格で作られています。想像以上に細かくて驚きましたか?　これだけ細かく分割すれば、図2-10の右の棒グラフは自然な波形——つまり、私たちが聞いている音とほぼ同じ状態になりそうですね。

見えないものを数値にする方法　　　COLUMN

「目に見えない音をグラフで表すなんて難しい!」と思うかもしれませんが、同じようなことは、みんな小学生の頃からやっているのです。たとえば、夏休みに毎日の気温を記録するという宿題はありませんでしたか?　気温も本当は目に見えませんが、温度計を読み取ることで数値に変換できるでしょう?

音も同じです。ここでは音を数値化する方法を説明するために先にグラフを示しましたが、本当はマイクを通すことで音は数値に変換できます。私たちがグラフから値を読み取る必要はありません。そして、文字はキーボード、写真や画像はカメラやスキャナ、気温や風の向き、強さ、圧力、明るさなどは専用のセンサを使うことで、数値に変換できる[*8]ので安心してください。

1.6　アナログ情報とデジタル情報

私たちが住んでいる世界は、目に見える景色も、耳に聞こえる音も、肌で感じる気温や風の強さも、すべて滑らかに変化する情報で満ち溢れています。このような情報を**アナログ**といいます。そして、滑らかに変化する値を数値で表したものが**デジタル**です。

デジタル化で失うも ➔
のもあるけれど……

アナログからデジタルに変換すると、残念ながら一部の情報は失われてしまいます。もう一度、図2-10を見てください。滑らかな波形を棒グラフで表すとき、どんなに細かく分割しても元の波形とまったく同じ形にはなりませんね。**これが情報が失われる**ということです。

メリットは大きい ➔

しかし、デジタルにすることで便利になることもたくさんあるのです。ひとつは**デジタル情報は再現性がある**ということです。たとえば「紙の真ん

※6　時間の分割数を**サンプリング周波数**、電圧の分割数を**量子化ビット数**といいます。

※7　65,536は16ビットで表現できる値の種類です。ビットと表現できる値の個数は「**1.4　色の表現方法**」の【豆知識】(33ページ) を参照してください。

※8　このことは、この後の「**2.1　コンピュータの構成要素**」(37ページ) でも説明します。

中に円を描いてください」と指示したとき、紙の大きさや描かれる円はいろいろです。ある人はペットボトルのキャップくらいの大きさの円を描くかもしれないし、別の人は紙いっぱいに大きな円を描くかもしれません。しかし、大きさをきちんと数値で示して「A4用紙*9の中央に半径5cmの円を描いてください」と指示すれば、誰が描いても同じ円になるでしょう？——**再現性**とは「誰がやっても、何度繰り返しても、同じ結果になる」ということです。

　また、**デジタル情報は劣化しない**というのも利点のひとつです。フィルムカメラで撮影した写真は時間の経過とともに色褪せてきますが、スマートフォンのアルバムに記録されている写真は、いつまでたっても撮影した当時の色を残しているでしょう？

デジタルデータは ⮕
コンピュータで扱える

　そしてもうひとつ、**デジタル情報はコンピュータで加工ができます**。たとえば、図2-11の左のように暗めに写ってしまった写真も、0〜255で表された濃淡の一部分を取り出して、改めて0〜255の濃淡を割り当てれば明るい写真になります。スマートフォンの写真加工用アプリで、同じようなことをした経験はありませんか？

図2-11 暗めの写真を明るくする

　　図2-12の上は、ある規則*10に従って「This is a pen.」を暗号にしたもの、図2-12の下は、写真を5色で表現*11したものです。どちらも、やろうと思えば手作業でできるのですが、手間も時間もかかりそうでしょう？　こんなときはコンピュータの出番です。コンピュータを使って自分が思うように情報を加

＊9　A4用紙の長辺は294mm、短辺は210mmです。

＊10　「**1.2　文字の表し方**」の表2-5（29ページ）の文字コードを利用しました。元の文字コードから10を引いた文字で作ったものが、図2-12の右の暗号です。

＊11　256段階の濃淡を5段階で表現しました。

工するにはどうすればいいのか、それを知るために、次はコンピュータがどういう機械なのかを見ていきましょう。

図2-12
コンピュータを使って情報を加工する

| This is a pen. | → | J^_i _i W f[d. |

加工前の情報

加工後の情報

2 コンピュータってどんな機械?

あなたはコンピュータに対してどのようなイメージを持っていますか? 何でもできる魔法の機械? それとも、正体不明のナゾの機械? 確かに、あるときはパソコンやスマートフォン、またあるときはリモコンや家電、駅の改札機や自動車のように、コンピュータは、その姿や形、動いている場所も違えば、できることも違います。でも……

コンピュータの特徴 ⮕ すべてのコンピュータに共通することが2つあります。何だかわかりますか? ひとつは、これまで見てきたように**コンピュータは情報を処理する機械**だということです。そして、もうひとつは**コンピュータはプログラムで動いている**ということです。

2.1 コンピュータの構成要素

まずは、これまで「コンピュータ」と表現してきた機械がどんな「モノ」でできているのかを確認しておきましょう。パソコンやスマートフォン、家電や自動車に組み込まれた部品のようなもの……。形を想像するとバラバラですが、

コンピュータ本体を
構成する装置 ⬆︎

コンピュータ本体を構成しているのは、たった2つ——**CPU**[12] と**メモリ**です。
　人間に例えると、CPUは**情報を処理する脳**、メモリは**情報を記憶する脳**に相当します。そして、情報を取り入れるための**入力装置**と、それを加工した結果を私たちに知らせるための**出力装置**をひとまとめにしたものが**コンピュータ**です（図2-13）。

図2-13
コンピュータを構成する
要素

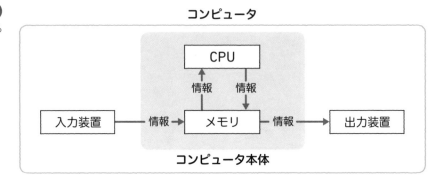

情報を入力する装置 ⬆︎

　スマートフォンは指で触れる画面（タッチパネル）やカメラやマイク、パソコンであればキーボードやマウスが主な入力装置です。また、明るさや温度、圧力を検知するセンサや、家電を操作するボタンも、入力装置に含まれます。これらの入力装置の仕事は、私たちの命令をコンピュータに伝えることのほかに、文字や画像、音などのアナログ情報を、コンピュータが扱えるデジタル情報に変換することです。

情報を出力する装置 ⬆︎

　出力装置にはディスプレイやスピーカー、LEDのほかに、スマートフォンを振動させるバイブレータや、タイヤを動かすためのモータなどがあります。CPUとメモリは見たことがないかもしれませんね。これらはコンピュータ本体に内蔵されている小さな部品です。

装置を動かすには
プログラムが必要 ⬆︎

　しかし、これらの装置[13]が揃っていても、コンピュータは何もできません。ここに**プログラム**が加わって初めて、コンピュータはいろいろなことができる**機械**になります。

---

[12] *Central Processing Unit* の頭文字をとってCPU。日本語では**中央演算処理装置**といいます。

[13] コンピュータ本体とそれに付随する機器全般のことを**ハードウェア**（*hardware*）といいます。*hard*は「硬い」、*ware*は「製品」という意味です。これに対して、プログラムや、コンピュータが処理する情報のように「形のないもの」を**ソフトウェア**（*software*）といいます。

コンピュータの五大装置　　　　　　COLUMN

　この後の項目「**2.3　コンピュータが動くしくみ**」(40ページ)で説明しますが、CPUには2つの役割があります。ひとつは、まわりの装置を**制御**すること——別の言い方をすると、まわりの装置に指示を出すことです。もうひとつは、プログラムを実行することです。これを**演算**といいます。

　図2-13ではコンピュータを構成する要素として4つ示しましたが、CPUの役割をそれぞれ「**制御装置**」「**演算装置**」、メモリを「**記憶装置**」と呼んで、ここに「**入力装置**」と「**出力装置**」を含めた5つを指して**コンピュータの五大装置**[14]といいます。

　ただ、「装置」というと形のある部品や機械のようなものを想像して、「CPUに装置が2つ?」と混乱するかもしれません。その場合は**機能**という言葉に置き換えてみましょう。コンピュータに欠かせないのは「制御」「演算」「記憶」「入力」「出力」の、5つの機能です。

2.2　プログラムとは?

　ひと言でいえば、プログラムとは、

コンピュータが何をすればよいのか、その内容を詳しく書いた指示書

「入力→演算→出力」 ⊕
の内容を詳しく書いた
指示書

です。第1章で説明した「コンピュータが情報を処理する」という話を覚えていますか?

入力装置から情報を受け取り　　　　← 入力
その情報を使って何らかの加工を行い　← 演算
結果を出力装置に送る　　　　　　　← 出力

　これが、コンピュータにできることのすべてです。もちろん、この作業をコンピュータが自発的に行うわけではありません。装置を組み立てただけで勝手に動き出したら困るでしょう?　それに「どの入力装置から何を受け取って、どのような加工をするのか、それをどういう形で出力するのか」は、コンピュータごとに違うと思いませんか?　また、同じ入力装置から同じ情報を受け取っても、それを使って「何をしたいか」は、人それぞれで違います。たとえば、カメラで撮影した同じ写真でも、それを「明るくしたい」と思う人もいれば「5色だけで表現したい」[15]と思う人もいます。詳しい処理の内容はさておき、写真の加工のしかたが違うことは想像できるでしょう?

---

[14] **コンピュータの五大要素**と表記することもあります。
[15] 「1.6　アナログ情報とデジタル情報」の図2-11(36ページ)と図2-12(37ページ)を参照してください。

コンピュータを使って何をしたいか、コンピュータに何をしてほしいかは、その時々で違います。その内容を詳しく書いたものがプログラムです。何でもできる魔法の機械のように見えるコンピュータですが、本当は、

プログラムに書かれている仕事を忠実に実行している

だけなのです。もしもプログラムがなかったら、コンピュータは何もできません。

アプリとプログラム　　　COLUMN

　スマートフォンやパソコンは「これ」といった使い方が決まっていません。友だちにメールを送ったり、SNSに写真やメッセージを投稿したり、ゲームをしたり……。そのときに「したい」ことができるアプリ[*16]を選択すれば、いろいろなことができる便利なコンピュータです。また、新しいアプリを追加すれば、これまでにできなかった作業もできるようになります。

　一方、家電や車の中に入っているコンピュータは、決められた仕事をするように、あらかじめプログラムが組み込まれています。このプログラムを私たちが変更することはできません。

　スマートフォンやパソコンのアプリも、家電や自動車に組み込まれているプログラムも、どちらもコンピュータが何をすればよいか、その内容を書いた指示書であることに変わりはありません。ただ、スマートフォンやパソコンのように使用するプログラムを選べたり、後から追加できたりするものを**アプリ**と呼ぶのが一般的です。

2.3　コンピュータが動くしくみ

プログラムのある場所 ▶
　プログラムは、コンピュータ本体の**メモリ**に入っています(図2-14)。「入っている」といっても、プログラムは部品のように手に取って触れることはできません。そう考えると「メモリの中に覚えている」という表現のほうが適切かもしれませんね。

CPUの仕事 ▶
　メモリからプログラムに書かれている命令をひとつずつ読み込んで、その命令に従ってまわりの装置を動かしたり、情報を加工したりするのはCPUの仕事です(図2-14の実線)。その結果がディプレイやスピーカーに出力される様子を見て、私たちは、コンピュータが動いていることを認識しています。どんなコンピュータでも、このしくみは同じです。

＊16　正しくは**アプリケーション**(*application*)といいます。日本語では先頭3文字をとって「アプリ」といいますが、英語では「app」と表記します。

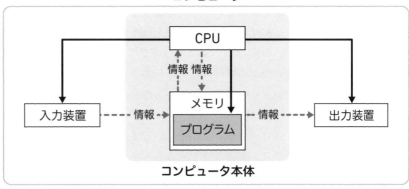

図2-14
メモリは「記憶する脳」

コンピュータ

CPU

情報 情報

入力装置 — 情報 — メモリ　プログラム — 情報 — 出力装置

コンピュータ本体

3 プログラミングのすすめ

プログラムは、やりた
いことをコンピュータ
に伝える唯一の方法

　繰り返しになりますが、コンピュータに「考える力」はありません。どんなにコンピュータの性能が向上してAIが進化したとしても、この事実は変わりません[*17]。つまり、

コンピュータを動かすためのプログラムは、私たち人間にしか作れない

のです。そういわれても……。

　「プログラミングってなんだか難しそうだし、僕には必要ないよ」と思ったのなら、それはもったいない。プログラムは私たちの意思をコンピュータに伝える唯一の方法です。想像してください。ただ使うだけでも便利なコンピュータに自分の「したい」ことを伝えることができたら……。コンピュータは、いまよりもっと頼れる存在になるはずです。

3.1 プログラミングって何をすること？

　プログラミングとはプログラムを作ること —— これは間違いではないのですが、実際にプログラムを作ったことがないから、本当は「よくわからない」のではないでしょうか。頭の中に浮かぶ「プログラム」はアルファベットや数字で書かれているし、難しいに決まってる……！

　確かに、コンピュータのこともプログラムのこともよく知らない現在の状態

[*17] この後の「**3.5　もうすぐAIがプログラムを作る時代がくるんでしょう？**」（45ページ）で改めて説明します。

で、いきなりプログラムを作るのは無理です。それに、プログラムは**プログラミング言語**という、日本語でも英語でもない、特殊な言葉で書かなければなりません。見慣れない言葉を使うのですから、それを習得するには勉強も必要です。なんだか不安になってきましたか？——大丈夫です。プログラムはコツさえつかめば誰にでも作れるようになります。詳しいことは第3章で説明しますが、その前に、ちょっとだけお教えしましょう。

プログラミングには ⮕
2つの作業がある

プログラミングが難しいと感じる理由は、いきなりプログラミング言語でプログラムを書こうとするからです。しかし、これを、

① **コンピュータに何をさせたいかを考える**
② **考えたことをプログラミング言語に翻訳する**

という2つの段階に分けて順番に作業をするだけで、プログラミングはぐっと簡単になります。

日本語でじっくり ⮕
考えるのが大事

まずは、1つめの作業。これは「こんなことができたらいいなぁ」と漠然と考えるのではなく、それを実現するには何が必要で、どうすればいいのかを具体的に考える作業です。プログラミング言語のことはいったん忘れて、日本語でじっくり考えてください。ポイントは、

コンピュータにしてほしい仕事を、できるだけ詳しく正確に、そして順序よく書き出すこと

です。これを**日本語の指示書**と呼ぶことにしましょう。

日本語の指示書ができれば、プログラムはできたも同然です。あとは日本語をプログラミング言語に置き換えるだけなのですから。もちろん、プログラミング言語の勉強は必要ですが、それは日本語の指示書を書くよりも、ずっと簡単です。

▌3.2　プログラムには何が書いてあるの？

コンピュータと人間の違いは「自発的に考える力があるかどうか」です。たとえば、

1足す1は？

と話しかけられたとき、人間は計算したという意識もないままに「2」と答えることができます。

ところが、コンピュータは与えられた指示をそのまま受け取って、そのとおりに実行することしかできません。「1足す1は？」といわれても、コンピュータは何をどうすればよいかわからずに、いつまでたっても動くことができないのです。

命令の基本は ➡
「何を、どうする」

では、どうすれば伝わるのか？　それは、

ほかには解釈のしようがないほど、細かく噛み砕いて伝えること

です。「1足す1は？」という命令も、

「1足す1」を計算しなさい
答えを画面に表示しなさい

のように指示すれば、コンピュータにも伝わります。これをコンピュータにわかる言葉に翻訳したものが**プログラム**です。

3.3　プログラミング言語って何？

プログラミングの ➡
ための道具

この章の「**1.1　コンピュータが数を数える方法**」（25ページ）で説明したように、コンピュータは0と1の2つの値しか理解できません。ですから、コンピュータへの命令も、本当は図2-15のように0と1で行わなければならない[18]のですが、それは私たちには無理な話です。そんな人間とコンピュータとの橋渡しをするために開発されたのが**プログラミング言語**です。

図2-15
コンピュータが理解できるプログラム

```
10110010  10110100  10000100  00100011  10101101
10011000  11011001  11111000  11000001  10110101
00000101  10001110  11110001  00010110  01010000
00010100  00110111  11011111  00010000  11111001
11101101  01100011  01100100  10100011  10010011
                         ⋮
```

英語に近い言葉で ➡
命令できる

たとえば、次ページの図2-16は、Python（パイソン）というプログラミング言語で書いた「1＋1の答えを画面に表示するプログラム」です。プログラムの書き方はわからなくても、英語によく似た単語が使われていることがわかりますね。

---

[18] コンピュータが理解できる言葉を**機械語**といいます。

図2-16

1+1のプログラム

```
answer = 1 + 1
print(answer)
```

　日本語から外国語に翻訳するには、単語や文法といった最低限のことを知らなければなりません。これと同じように、日本語で書いた指示書をプログラミング言語に翻訳するには、プログラミング言語ごとに決まった命令、文法を使って書かなければなりません。最初は戸惑うかもしれませんが、よく使う命令や基本の文法は、ほんのわずかです。出てきた順番にひとつずつ覚える努力をすれば、プログラミング言語は必ず習得できます。

プログラミング言語から0と1のプログラムへ　　COLUMN

　人間の言葉に近いプログラミング言語で書いたプログラムは、0と1に翻訳して初めて、コンピュータが理解できる機械語の命令になります。「日本語からプログラミング言語に翻訳して、さらに0と1に翻訳するための勉強も必要なの!?」と不安になったかもしれませんね。

　大丈夫です。プログラミング言語にはいろいろな種類がありますが、すべてのプログラミング言語に共通することは、

0と1のプログラムに翻訳するためのプログラムが用意されている

という点です。スマートフォンで写真を撮るときにカメラアプリを利用するのと同じように、作ったプログラムを動かすときには翻訳用のプログラムを利用すればいいだけです。安心してプログラミング言語の勉強に取り組んでください。

3.4　プログラミングを勉強して何かイイことがあるの？

　みなさんは、これまでにコンピュータを疑ったことはありますか？　あまり意識したことはない？　ちょっと思い出してみてください。心のどこかで「コンピュータは正しい」とか「コンピュータが間違うわけがない」などと思いながら使っていませんでしたか？

　しかし、いまのみなさんは「コンピュータは人間が作ったプログラムに従って動いている」ということを知っています。ここでもう一度、考えてみてください。「コンピュータは絶対に間違わない」――そう言い切ることができますか？

コンピュータは ➡
絶対に正しい？

　たとえば、2月3日の野外イベントで冷たいジュースがどのくらい売れるかコンピュータに予測させたところ「3,000本」という答えになったとしましょ

う。入場者数は1,000人の予定です。コンピュータが出した「3,000本」という答えは、本当に正しいのでしょうか？

　コンピュータが動くしくみを何も知らなければ、迷うことなく3,000本を発注するでしょう。しかし、コンピュータは人間が作ったプログラムで動いているということを知っていれば「真冬のイベントで入場者数が1,000人なのに冷たいジュースが3,000本も売れるのはおかしい」と気がついて、発注の本数を減らすことも検討できます。損害が少ないのは後者のほうだと思いませんか？

しくみを知れば ➔
疑うこともできる
　何度も繰り返しますが、コンピュータはプログラムに書かれている指示のとおりに動く機械です。ただ、そのプログラムを人間が作っているかぎり、間違いがないとは言い切れません。これはどんなに優れたAIでも同じです。コンピュータにどういう情報を与えるか、そしてコンピュータが出した答えを最後にどう判断するか、それができるのは私たち人間だけです。このときにコンピュータのしくみやプログラムのことを何も知らなければカンに頼るしかありませんが、少しでも知識があれば適切に判断できます。これから先も私たちはコンピュータに囲まれて生活していくのですから「判断する力」や「疑う力」は「ない」よりも「ある」ほうが良いに決まっています。

3.5　もうすぐAIがプログラムを作る時代がくるんでしょう？

　寝ころんだままエアコンやテレビを操作したい。留守中に掃除機をかけたい。切符を買う手間を省いて電車に乗りたい。きれいな写真が撮りたい。暗く映ってしまった写真を明るくしたい……。コンピュータは情報を処理することで、私たちの「したい」ことを叶えてくれる機械です。空飛ぶクルマも例外ではありません。「交通渋滞を解消したい。そのためにはクルマに変わる新しい移動

AIに新しいことを ➔
「思いつく」力はない
手段が必要だ」のように、誰かの「したい」という思いから開発が始まったはずです。これらの「したい」ことを考えられる、もしくは「思いつく」ことができるのは、私たち人間だけです。どんなに優秀なAIでも、私たちの「したい」ことを想像したり、何もない状態から新しい何かを思いつくことはできないのです。そう考えると、これから先もAIが一から（何もない状態から）プログラムを作るのは、おそらく無理です。

　しかし、何か情報があればAIは新しいものを作ることができます。その情報が「日本語の指示書」だとしたら──？　実は、すでにいま、日本語の指示書をプログラミング言語に翻訳するAIが開発されつつあります。

　「それならプログラミングを勉強するのは無駄になるの!?」と慌てないでくださいね。このAIが開発されたきっかけは「プログラムを書くときの入力ミス

を減らしたい」という思いです。どんなに注意していても、キーを押し間違えることはあるでしょう？　学校や職場に提出するレポートならば多少の誤字は見逃してもらえますが、プログラムは、どこか1文字間違えただけでまったく動かないのです。それを見つけるために時間を費やすのはもったいない。そうだ！　日本語の指示書をプログラミング言語に翻訳するAIを開発しよう！　──ほら、AI開発のきっかけも、やはり「したい」という人間の思いから始まっているのです。

「したい」ことを考えられるのは人間だけ ➡　近い将来、日本語の指示書からプログラミング言語に翻訳するAIは当たり前になるかもしれません。しかし、そんな時代がきたとしても、「何かをしたい」と考えて、それを実現するために何が必要で、どのような作業をすればよいかを考えるのは、人間にしかできない仕事です。

◼ 3.6　ところでプログラミング的思考って何？

　プログラミングを学習すると、プログラミング的思考が身につく ──といわれても、「プログラミング的思考って何？」「それを身につけて何になるの？」と思っている人はいませんか？　そういう場合は、順番を入れ替えて「プログラミング的思考を身につけたら、プログラムは作れる」と考えてみましょう。このほうが自然だと思いませんか？

　前の項目「**3.1　プログラミングって何をすること？**」(41ページ)では、プログラミングで最も重要な作業は「コンピュータにしてほしい作業を日本語でできるだけ詳しく、正しい順序で書くこと」[*19]だという話をしました。しかし、「コンピュータにしてほしいこと」なんて、普通の人がいきなり思いつくわけがありません。「だったら、いつまでたってもプログラミングはできないし、プログラミング的思考も身につかないってこと？」と早合点しないでくださいね。プログラミングに必要な力──もう少し詳しくいうと、

日本語の指示書を作る力は、コンピュータがなくても身につけられる

何気なくしていることを日本語にするところから始めよう ➡のです。料理をするとき、掃除をするとき、朝起きてから家を出るまでにすること、家を出てから駅までの道のり……普段、何気なくしていたことを日本語にしてみること。これだけで、プログラミングの力は格段に上がります。たとえば、カップラーメンを作るときに、

---

*19　これを**論理的思考**といいます。

食品庫からカップラーメンを取り出す
フタを開けて粉末スープを入れる
お湯を沸かす
沸騰したお湯を印の位置まで注ぐ
フタをして5分待つ
フタを開けて、よくかき混ぜる

のように言葉にしてみてください。私たちは普段まったく意識していませんが、意外とたくさんのことをしていたことに気づきませんか？　何度か同じことをしているうちに「最初にお湯を沸かして、その間にカップラーメンを準備したほうが効率いいな」と気づくかもしれません。これが**プログラミング的思考で**す。――なんだか誤魔化されたような気がする？

効率の良い手順で ➡
考えよう
　カップラーメンを準備してからお湯を沸かしても、お湯を沸かしてから沸騰するまでの間にカップラーメンを準備しても、最終的にカップラーメンができることに変わりはありません。しかし、効率が良いのはどちらの手順かといえば、お湯が沸くまでの時間を無駄なく使える後者のほうですね。

　プログラミング的思考とは「作業の内容や順番を考えるだけでなく、その手順が効率的かどうかを考えたうえで最終的に答えを出すこと」です。少し乱暴な言い方かもしれませんが、この力をつけるためにプログラミングは必要ありません。カップラーメンを作るとき、掃除をするとき、朝起きてから家を出るまでにすること、家を出てから駅までの道のり……普段の何気ない作業をするときに少し意識するだけで、プログラミング的思考は身につけられます。そして、これが習慣化されれば、「何でも段取りよくできる人」と高く評価されること間違いなしです。みなさんもプログラミング的思考を身につけるところから始めてみませんか？

プログラムを書こう！

第**3**章

「プログラムを書く」といっても、プログラミング言語で本物のプログラムを書くわけではありません。ここでは、その直前──つまり「日本語の指示書」を作る練習をしましょう。プログラムにはどんなことを、どういうふうに書くのか。ここをしっかり理解すれば、プログラムは誰でも書けるようになります。

1 コンピュータへの命令のしかた

第2章でも説明したように、コンピュータには「考える力」がありません。私たちが与えた命令をそのまま受け取って、そのとおりに動くだけです。そんなコンピュータにあなたの「したい」ことを正確に伝えて、思いどおりに動かすには、

コンピュータの弱点を ➡
理解することが大切

- コンピュータの性格をよく理解したうえで指示すること
- 無意識に行っていることを言葉にすること

この2つが、とても大切です。

1.1 コンピュータの性格（その1）── いわれたことしかできない

コンピュータは**プログラムに書かれている仕事を忠実に実行する機械**です。たとえば「待て」といわれれば、いつまでも動かずにじっと待ち続けます。また「10秒おきにピッ、ピッ、ピッ、ポーンという時報を鳴らしなさい」と命令されれば、何時間でも何日でも10秒経過するごとに音を鳴らし続けます。

命令には素直に従う ➡

ここだけ読むと、とても素直で信頼できる相棒のように思うかもしれませんが、逆にこれが仇になることもあるので、注意しなければなりません。たとえ

ば、二足歩行のロボットに対して、

　　右足を50cm前に出す
　　左足を50cm前に出す
　　右足を50cm前に出す
　　左足を50cm前に出す
　　右足を50cm前に出す
　　左足を50cm前に出す
　　　　　　⋮

のように命令すれば、ロボットは確実に前進します。しかし、歩幅を間違えて、

　　右足を5cm前に出す
　　左足を5cm前に出す
　　右足を5cm前に出す
　　左足を5cm前に出す
　　右足を5cm前に出す
　　左足を5cm前に出す
　　　　　　⋮

にしたらどうなるでしょう？　なかなか前に進まないと思いませんか？　もちろん、ゆっくりでも前に進むのだから問題ないということもあるでしょう。しかし、これがレストランで働く配膳ロボットだったらどうでしょう？　出来上がった料理を厨房からお客様のテーブルまで運ぶのに、どれだけの時間がかかるかわかりません。そのうちに料理が冷めるかもしれないし、姿が見えているのになかなか運ばれてこなかったらお客様もイライラしそうですね。

　コンピュータは命令されたことを何でも忠実に実行しますが、**その内容が正しいかどうかを判断したり、間違いを指摘したりするような能力はありません**。プログラムに間違いがあったとしても、そのまま実行するだけです。命令されたとおりに動いているのに「遅い！」と怒られたら、コンピュータが可哀想でしょう？

　もうひとつ、今度は歩幅ではなく命令の順番を間違えて、

間違った命令にも ➡
忠実に従う

　　右足を50cm前に出す
　　右足を50cm前に出す
　　右足を50cm前に出す
　　左足を50cm前に出す
　　左足を50cm前に出す

左足を50cm前に出す

⋮

にしたらどうなるか想像してください。正しい歩幅でも順番を間違えたら、前進するどころかバランスを崩して倒れてしまうかもしれませんね。

　コンピュータにできることは、私たちが与えた命令をひとつずつ読み飛ばすことなく順番に、文句もいわずに実行することだけです。そのコンピュータが正しく仕事をするためには、当たり前のことですが、

命令のしかた① ➡　**正しい命令を、正しい順番で与えること**

が大切です。

1.2　コンピュータの性格（その2）── 曖昧な表現は理解できない

　コンピュータは、**その場の状況を把握して、自発的に行動することができません。** たとえば、

　　　そこにあるキャンディ、みんなで適当に分けて

といわれたとき、私たちは無意識のうちにキャンディの個数とその場にいる人数を数えて、できるだけ公平になるように分けるのではないでしょうか。しかし、コンピュータは、いわれたことをそのまま受け取ることしかできません。上の命令も、

意図を汲んでくれない ➡

　　　そこ　　　→ どこ？
　　　キャンディ　→ 何個あるの？
　　　みんな　　→ 何人いるの？
　　　適当に　　→ どんなふうに？

のようにわからないことばかりで、いつまでたっても仕事を始められないのです。

　自分で考えたり想像したりすることのできないコンピュータに命令をするときは、

命令のしかた② ➡　**曖昧な言葉は使わずに、はっきり伝えること**

を意識してください。たとえば、上の命令は、

　　　テーブルの上にある20個のキャンディを、同じ数になるように4人で分けなさい

のように命令すれば、コンピュータにも伝わります。

1.3 コンピュータの性格（その3）── 長文読解は苦手

第3章

ところが、コンピュータは**長い文章を理解するのが苦手**です。コンピュータが理解できるのは、

命令のしかた③ ➔　　**何を、どうする**

程度の短い文だけです。そのため「テーブルの上にある20個のキャンディを、同じ数になるように4人で分けなさい」という命令も、本当は、

テーブルの上にキャンディが20個ある
人間は4人いる
同じ数になるように、20個のキャンディを4人で分けなさい

のように命令して、ようやくコンピュータにも理解できるようになります。

1.4 コンピュータの性格（その4）── すぐに忘れる

実は、コンピュータは**記憶することも苦手**です。「覚えておきなさい」といわれなければ、たったいま自分がしたことすら忘れてしまいます。そのため、

そこのみかん、さっきと同じようにみんなで分けて

と命令しても、コンピュータには伝わらないのです。この場合は、やはり

命令のしかた④ ➔　　**みかんが12個ある**
　　人間は4人いる
　　同じ数になるように、12個のみかんを4人で分けなさい

のように命令しなければなりません。

覚えることも苦手 ➔　人間を相手に同じ話を何度も繰り返すと嫌な顔をされますが、コンピュータはいわれたことを覚えていないのですから、絶対に文句はいいません。むしろ、私たちのほうが「同じことを何度も命令するなんて面倒だなぁ」と思うかもしれませんが、相手は考えることも記憶することもできないコンピュータです。ここは私たちが歩み寄るしかありません。

改めて整理すると、コンピュータを思いどおりに動かすために私たちがしなければならないのは、次の4つのルールを守ることです。

命令するための
ルール →

- 正しい命令を、正しい順番で与えること
- 曖昧な表現は使わずに、はっきり伝えること
- 「何を、どうする」程度の短い文で命令すること
- 同じことも繰り返して命令すること

これに従うと、

コーヒーとオレンジジュース、買ってきて

という命令は、

命令は短い文で →
丁寧に

玄関ホールにある自動販売機に行きなさい

コイン投入口に100円を入れなさい

ホットのブラックコーヒーのボタンを押しなさい

コーヒーができるまで待ちなさい

取り出し口からコーヒーを取り出しなさい

コイン投入口に100円を入れなさい

オレンジジュースのボタンを押しなさい

オレンジジュースができるまで待ちなさい

取り出し口からオレンジジュースを取り出しなさい

コーヒーとオレンジジュースを持ちなさい

ここまで戻ってきなさい

となるでしょうか。これが「日本語の指示書」です。

「あれもこれも全部いわなきゃならないなんて面倒だなぁ」と思うかもしれませんが、相手はいわれたことしかできないコンピュータです。あなたの思いどおりに動いてもらうには「こんなことまでいう必要があるの？」と思うくらい細かなところまで言葉にしなければならないのです。

急がば回れ →

煩わしいと思うかもしれませんが、日本語の指示書をしっかり作っておくと、本物のプログラムを書く作業がとても楽になるのです。なぜなら、プログラ

ムを書きながらコンピュータにしてほしいことを考えるのは、とても難しい作業だからです。プログラミングの経験が少ないうちは、プログラミング言語の命令がわからないのか、それともコンピュータにさせたい仕事がわからないのか、どちらがわからないのか混乱して、やがて思考が停止してしまいます。日本語の指示書は、その最悪な状態を未然に防ぐために必要なものです。

日本語なら考えること →
に集中できる

この後は、日本語の指示書を作る練習をしましょう。何度か繰り返しているうちに、きっとコツがつかめるはずです。

3 日本語の指示書を作ろう（その1）
―― ロボボのお使いプログラム

身近なところで活躍 →
するロボットたち

何でもいうことを聞いてくれる二足歩行のロボットが、ついに我が家にやってきた！――SF小説の世界が現実になるのは、もうすぐかもしれません。なぜなら、私たちの身近なところで、すでにたくさんのロボットが活躍しているからです。工場で自動車を組み立てる産業用ロボット、遠隔操作で手術を行う医療用ロボット、倉庫で商品の仕分けを行う物流用ロボット、飲食店の厨房でパスタを作る調理用ロボット、そしてホテルやイベント会場で接客するロボット、ペットのように振る舞う動物型のロボット……。ここまで身近になると、一家に一台ロボットがあることが当たり前の時代になりそうでしょう？　そんな日が来たときに慌てないように、いまからロボットと暮らす練習をしておきましょう。

3.1　我が家にロボットがやってきた！

もしもロボットを →
雇ったら……

あなたの家に来たのは二足歩行ができる人型ロボット、名前は「ロボボ」です。ロボボは立つ、しゃがむ、座る、歩く、走る、握る……など、人間の基本的な動作はなんでもできます。私たちと同じようにまわりの世界を見ることもできるし、音を聞くこともできます。そして、あなたの指示のとおりに動く、とても頼りになるロボットです。せっかくですから、何か仕事をお願いしましょう。たとえば――

今日は雨が降っていて、外出するのも憂鬱だな……。
だけど、この小包は今日中に発送するって約束しちゃったし、それにトイレットペーパーも切らしてた！　やっぱり出掛けなくちゃダメなのか……。

こんなときこそロボボの出番です。あなたの代わりに用事を済ませて、最後はきちんと家まで戻ってくるように「ロボボのお使いプログラム」を作りましょう。

3.2　仕事の内容を決める

まずは、ロボボに**何をしてほしいのか**をはっきりさせましょう。ここが曖昧<ruby>曖昧<rt>あいまい</rt></ruby>なままでは指示書を作成できません。「お使いプログラム」の中でロボボはどんな仕事をするのか、具体的にイメージしてください。ただし、ひとつだけ注意してほしいことがあります。それは、

最初から欲張らないこと

です。

仕事が増えるとプログ ⤷
ラムが複雑になっ
て……

あれもこれもと欲張ってコンピュータにたくさんの仕事をさせようとすると、当然のことながらプログラムは長くなります。すると、プログラムの中に間違いが入り込む可能性が増えるだけでなく、その間違いを見つけにくいという悪循環に陥ります。その結果どうなるか、想像してみてください。いつまでもプログラムが完成しなかったら、嫌になって途中で投げ出したりしたくなると思いませんか？　それでは、いつまでたってもプログラムは作れるようになりません。

それでは、今回の「お使いプログラム」でロボボに本当にしてほしい仕事は何かを考えましょう。友だちと約束しているのですから「小包を出すこと」は必須ですね。それと、切らしてしまった「トイレットペーパーを買うこと」も必要です。今回は、この2つの仕事に絞ることにしましょう。

最低限の ⤷
仕事に絞る！

「せっかく行くんだからアイスも買ってきてほしいな」とか「銀行に行って記帳もしてほしい」とか、ほかにもいろいろお願いしたいことはあるかもしれませんが、そこはぐっと我慢です。ロボボにたくさんの仕事をしてもらうということは、それだけたくさんの指示を出さなければならないということです。途中でどこか1つでも指示を間違えたら、ロボボは帰ってこなくなるかもしれません。せっかく手にした二足歩行ロボットを失うことがないように、今回は、

小包を出し、トイレットペーパーを買って帰ってくる

——この仕事に集中しましょう。

3.3 最適な順番を考える

　ロボボの仕事の内容が決まったら、次は**どのような順番で仕事をするか**を考えましょう。ここで細かなところ——たとえば「信号が青になるまで待つ」や「郵便局に着いたら傘を閉じる」のようなこと——を考える必要はありません。仕事内容と図3-1の地図を照らし合わせて、どういう順番で動けば効率が良いかを考えてください。

図3-1
地図

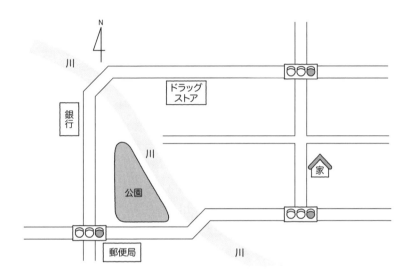

効率的な道順は？ ➡　今回のロボボの仕事は「小包を出すこと」と「トイレットペーパーを買うこと」の2つです。図3-1の地図を見ると、郵便局とドラッグストアのどちらに先に行っても、通る道は同じになりそうですね。「それなら、どちらが先でもかまわないよね」と思うかもしれませんが、ちょっと待ってください。今日は雨が降っているので、ロボボは傘をささなければなりません。そして家を出るときには小包も抱えています。この状態で先にトイレットペーパーを買ってしまったら、荷物がさらに増えて大変なことになりそうでしょう？　そう考えると今回は、

1. 郵便局に行って小包を出す
2. ドラッグストアでトイレットペーパーを買う
3. 家に帰る

という順番が良さそうです。

しかし、この順番を教えても、ロボボはまだ動くことができません。なぜだかわかりますか？　ロボボの気持ちになって、ちょっと考えてみてください。

郵便局はどこにあるの？
小包を出すってどういうこと？
ドラッグストアはどこにあるの？
どんなトイレットペーパーを買うの？
お金はどうするの？
家までどうやって帰ってくるの？
　　　　　　　　⋮

仕事は少なくても ➡
命令はたくさん必要
いろいろとわからないことがあるでしょう？　それに地図を見ると、何カ所か道路を渡らなければなりません。信号がある交差点では青になるまで待たなければならないし、信号のない細い道でも道路を渡るときには左右を確認する必要があります。

　「あぁ面倒くさい！　いちいち指示するくらいなら自分で行ったほうが早い!!」なんていわないでくださいね。ほら、だんだん雨も強くなってきたようです。この雨の中を出掛けるのは、やっぱり嫌でしょう？　あなたの代わりにロボボが間違いなく用事を済ませられるように、細かなところまで指示してあげましょう。適当な指示を出すと、ロボボは家を出たきり帰ってこないかもしれませんよ。

3.4　ロボボのお使いプログラム

　ロボボに「何をしてほしいか」、それを実現するには「どういう順番で作業をすれば効率が良いか」が明確になったら、いよいよ日本語の指示書作りに取り掛かりましょう。コンピュータ（ここではロボボですが）を正しく動かすために守らなければならないルール、覚えていますか？

命令するための ➡
ルール
- 正しい命令を、正しい順番で与えること
- 曖昧な表現は使わずに、はっきり伝えること
- 「何を、どうする」程度の短い文で命令すること
- 同じことも繰り返して命令すること

　この4つでしたね。「このくらいいわなくてもわかるだろう」とか「これはさっきと同じだから改めていう必要はないだろう」というのは、人間の勝手な思い込みです。何度も繰り返しますが、ロボボは考えることも、状況を判断するこ

とも、何かを覚えておくこともできません。そのときに指示されたことを、そのまま受け取って実行することしかできないのです。ロボボが途中で迷うことなく最後まで仕事ができるように、できるだけ詳しく、簡潔に指示を出すことを心掛けてください。

詳細な仕事内容 ➡　図3-2に、ロボボの道順と注意箇所（①〜⑥）を示しました。この図を見ながら作った日本語の指示書は、以下のとおりです。

道順と注意箇所 ➡
① 信号を確認して道路を渡る
② 郵便局で小包を出す
③ 信号を確認して道路を渡る
④ ドラッグストアで8ロールまたは4ロールのトイレットペーパーを買う
⑤ 信号を確認して道路を渡る
⑥ 左右を確認して道路を渡る

図3-2
道順と注意箇所

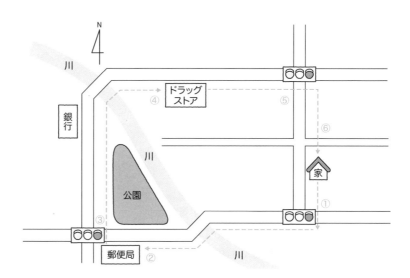

詳しい作業内容 ➡
1　小包を持つ
2　財布を持つ
3　傘を持つ
4　玄関を出る
5　傘をさす
6　南を向く
7　交差点に到達するまで

8　　　　歩く
9　　　　周囲を確認する
10　信号を確認する
11　もしも信号が青ならば、
12　　　　道路を渡る
13　もしも信号が黄色または赤ならば、
14　　　　信号が青になるまで待つ
15　　　　道路を渡る
16　西を向く
17　郵便局に到達するまで、
18　　　　歩く
19　　　　周囲を確認する
20　傘を閉じる
21　郵便局に入る
22　窓口に小包を渡す
23　局員に提示された金額以上のお金を財布から出す
24　お金を払う
25　もしもおつりがあれば、
26　　　　おつりを受け取る
27　　　　財布におつりを入れる
28　郵便局を出る
29　傘をさす
30　北を向く
31　信号を確認する
32　もしも信号が青ならば、
33　　　　道路を渡る
34　もしも信号が黄色または赤ならば、
35　　　　信号が青になるまで待つ
36　　　　道路を渡る
37　ドラッグストアに到達するまで、
38　　　　歩く
39　　　　周囲を確認する
40　傘を閉じる
41　ドラッグストアに入る
42　トイレットペーパーの棚を探す
43　8ロールのトイレットペーパーを探す

44 もしも8ロールのトイレットペーパーがあれば、

45 　　　8ロールのトイレットペーパーを棚から1つ取る

46 もしも8ロールのトイレットペーパーがなければ、

47 　　　4ロールのトイレットペーパーを探す

48 　　　もしも4ロールのトイレットペーパーがあれば、

49 　　　　　4ロールのトイレットペーパーを棚から1つ取る

50 　　　もしも4ロールのトイレットペーパーがなければ、

51 　　　　　58 へ進む

52 レジに行く

53 店員に提示された金額以上のお金を財布から出す

54 お金を払う

55 もしもおつりがあれば、

56 　　　おつりを受け取る

57 　　　財布におつりを入れる

58 ドラッグストアを出る

59 傘をさす

60 東を向く

61 交差点に到達するまで、

62 　　　歩く

63 　　　周囲を確認する

64 信号を確認する

65 もしも信号が青ならば、

66 　　　道路を渡る

67 もしも信号が黄色または赤ならば、

68 　　　信号が青になるまで待つ

69 　　　道路を渡る

70 南を向く

71 交差点に到達するまで、

72 　　　歩く

73 　　　周囲を確認する

74 左右を確認する

75 もしも左または右から車が来なければ、

76 　　　道路を渡る

77 もしも左または右から車が来たら、

78 　　　車が通り過ぎるまで待つ

79 　　　道路を渡る

80	家に到達するまで、
81	歩く
82	周囲を確認する
83	傘を閉じる
84	玄関から家に入る

「ロボボのお使いプログラム」は全部で84ステップ[*1]になりました。途中で字下げをしているところは「交差点に到達するまで」や「もしも信号が青ならば」のように、その状況に当てはまるときだけ実行する処理です。このように字下げをしておくと、プログラムの構造がわかりやすくなります。

これでもまだ → 十分ではない

　実際にプログラムを作るとなると、これでもまだ十分ではないかもしれません。たとえば、途中で雨がやんだら傘をさす必要はなくなりますね。ほかにも足りないところや余分な仕事が含まれているかもしれませんが、それはロボボが間違いなく仕事ができるようになってから見直すことにしましょう。

3.5 指示書を確認する

　今回の「ロボボのお使いプログラム」はここで完成ですが、本物のプログラムを作るときは、日本語の指示書からプログラミング言語に翻訳する作業が待っています[*2]。でも、その前に……

指示内容の確認と → 見直しは絶対に必要

　もう一度、日本語の指示書の内容を見直してください。プログラミング言語に翻訳したときの間違いはプログラムを実行するまでわかりませんが、指示内容そのものの間違いは、この段階で発見することができます。

　たとえば、指示書の70番め。「南を向く」ところが「北を向く」になっていたらどうなるでしょう？　次の命令は「交差点に到達するまで、歩く」です。ロボボは、いわれたとおりに北を向いて歩き出し、そのまま家から遠ざかっていきます。そして、交差点を渡っても自分の家が見つからなければ、そのままずっと歩き続けるしかありません。

　想像してください。間違った指示書のままプログラミング言語に翻訳してしまったら……？　コンピュータは指示どおりに動いているだけなのに、私たちの目には暴走しているようにしか見えないのです。そうならないように、日本語の指示書を作成した後は、指示の内容に間違いはないか、矛盾しているところはないかをしっかり確認してください。

[*1]　プログラムの世界では、命令の数を「一歩」という意味の**step**（ステップ）という単位で数えます。
[*2]　第2章「**3　プログラミングのすすめ**」(41ページ) で説明しました。

4 日本語の指示書を作ろう（その2）
―― 秘密の暗号プログラム

もうひとつ、今度は近未来のロボットとの暮らしではなく、いまのコンピュータでも動くプログラムで練習をしましょう。第2章「**1.6　アナログ情報とデジタル情報**」（35ページ）を開いてください。図2-12（37ページ）に暗号らしきものがあるでしょう？　この暗号を作るプログラムを題材に、日本語の指示書を作りましょう。考える順番は「ロボのお使いプログラム」とほぼ同じですが、2番めの内容が少しだけ変わります。

実際に動くプログラムを作るときは

① コンピュータに何をしてほしいかを決める
② 大まかに内容を考える
③ 詳しい指示書を書く
④ 指示書を確認する

では、改めて、ひとつずつ見ていきましょう。

4.1 プログラムのゴールを決める

まずは「コンピュータに何をしてほしいのか」を明確にしましょう。「暗号を作る」というのは決まっていますが、それがどういう内容のプログラムなのか、**何ができれば完成とするのか**を具体的に決める作業です。ここでの注意点を覚えていますか？　それは、

最初から欲張らないこと

でしたね。「長い文章を暗号にしたい」とか「日本語の暗号文も作りたい」など、せっかく作るなら何でもできるプログラムにしたい気持ちはわかります。でも、ここは、ぐっと我慢です。

目標を低めに設定して達成感を味わうことが大事

プログラミングに限った話ではありませんが、何か新しいことを身につけるときに大事なことは、

「できた！」という達成感を味わうこと

です。そのためには目標を低めに設定することも大切です。ちょっとズルい？　しかし、あれもこれもと欲張って何でもできるプログラムを作ろうと思っても、動かなければ達成感は得られません。それよりも「たったこれだけ？」と思う

第3章

くらいがちょうどよいのです。目標を小さく設定すれば、少しの努力で達成できます。そうしたら次はもう少し高い目標を設定して、それを達成するために努力する。これを繰り返していけば、必ずプログラミングは習得できます。

　さて、少し話がそれてしまったので暗号を作るプログラム、タイトルは「秘密の暗号プログラム」にしましょうか。ここに話を戻しましょう。「たったこれだけ？」がどの程度のものかは個人差があると思いますが、

アルファベット1文字を暗号用の文字に変換する

というのを「秘密の暗号プログラム」のゴールにしましょう。おそらく、多くの人が「1文字だけ？」と思ったことでしょう。それでも、最初の目標は、これくらいがちょうどよいのです。

4.2　内容を考える

　プログラムのゴールが決まったら、次はそれを実現するために何が必要で、どんな作業をすればよいか、具体的な内容を考える作業です。「ロボボのお使いプログラム」では用事をすませる順番を決めましたが、ここでの本当の作業は**「入力→演算→出力」*³を具体的に考える**ことです。「秘密の暗号プログラム」であれば、

作業工程を ➡
具体的に細分化

　① 暗号にする文字をどのようにして入力するか　← 入力
　② その文字をどうやって暗号にするか　　　　　 ← 演算
　③ 暗号をどのように出力するか　　　　　　　　 ← 出力

を考えてください。

❶ 暗号にする文字の入力方法

　今回はアルファベット1文字が変換の対象ですから、キーボードから入力できるようにしましょう。そうすれば、いろいろな文字で試すことができます。少し手間はかかりますが、プログラムが出した答えをノートに書き留めておけば「This is a pen.」のような文も暗号に変換できますね。

---

*³　コンピュータが情報を処理する手順でしたね。詳しい説明は、第1章「**1「情報を処理する」ってどういうこと？**」（15ページ）、第2章「**2　コンピュータってどんな機械？**」（37ページ）を参照してください。

❷ 暗号にする方法

ここがプログラムのいちばん重要なところです。情報をどのように加工するのか、その手順を考えるのですから、簡単ではないことは確かです。いまはまだ何から手をつければよいか見当も付かないかもしれませんが、コンピュータが情報をどのように扱っているのか、そのしくみ*4を少しずつでも理解していくうちに、何をすればよいかが必ずわかるようになってきます。焦らずにがんばりましょう。

さて、「秘密の暗号プログラム」が処理する情報は文字です。コンピュータは文字を**文字コード***5で扱うので、これをうまく利用しましょう。図3-3は「This is a pen.」を

暗号を作る手順 →
① それぞれの文字の文字コードを調べる
② 文字コードから10を引く
③ 新しい文字コードに対応する文字を調べる

という手順で加工した様子です。これだけで暗号っぽく見えるでしょう？

図3-3
暗号を作る手順

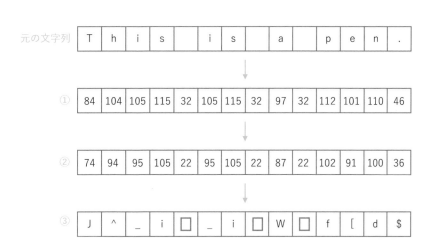

図3-3のいちばん下の「□」は対応する文字がないことを表していますが、もとの文字列を見ると「□」に対応する文字はスペースです。また、ピリオド(.)が「$」に変わってしまったら、文の終わりがわからなくなってしまいますね。以上の理由から、

---

*4　第2章「**1　コンピュータが情報を処理する方法**」(25ページ)を参照してください。
*5　第2章「**1.2　文字の表し方**」の表2-5(29ページ)で説明しました。

> 単語の区切りを表す半角スペースと、文の終わりを表すピリオド (.) は文字
> コードを変更しない

というルールで加工することにしましょう。単語の区切りや文の終わりを表す
文字にはカンマ (,) や疑問符 (?)、感嘆符 (!) などもありますが、これらはプロ
グラムが完成して、きちんと動くことを確認してから追加しても遅くはありま
せん。まずは「欲張らないこと」が大切です。

❸ 暗号を出力する方法

　画面に表示する、プリンタに出力する、スピーカーから音声出力するなど、
いろいろな方法が考えられますが、ここでも基本は「欲張らないこと」です。
今回は「加工後の文字を画面に表示する」ことにしましょう。

　図3-4は「秘密の暗号プログラム」で行うことを表した図です。このように
矢印を使って手順をメモしておくと、この後、日本語の指示書を作るときの参
考になります。

図3-4

手順を図で表す

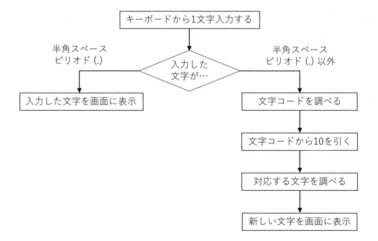

豆知識 フローチャート

図3-4のように手順を表した図を**フローチャート**といいます。*flow*は「流れる」、*chart*は「図」という意味です。本当は図3-5に示した記号を使って表すのが正しいのですが、それに気を取られてプログラムの内容がおろそかになっては困ります。自分用のメモ書きならば、箱の中に「処理の内容」を書いて、それを矢印でつなぐだけで十分です。

図3-5	フローチャートで使う主な記号

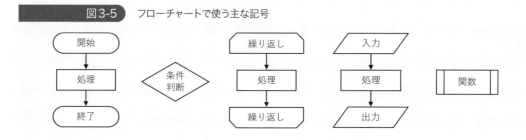

4.3 秘密の暗号プログラム

日本語で手順を ➔ まとめる

いよいよ日本語の指示書作りです。図3-4を参考にしながら、コンピュータにしてほしい仕事を、できるだけ詳しく日本語で書き出してください。以下は、「秘密の暗号プログラム」の指示書です。

1. キーボードから1文字入力する
2. もしも入力した文字が半角スペースまたはピリオド(.)ならば、
3.   入力した文字をそのまま画面に出力する
4. もしも入力した文字が半角スペースまたはピリオド(.)以外ならば、
5.   入力した文字の文字コードを調べる
6.   文字コードから10を引く
7.   新しい文字コードに対応する文字を調べる
8.   新しい文字を画面に出力する

今回は8ステップで完了しました。「ロボボのお使いプログラム」よりもずっと簡単でしたね。もう一度、指示書の内容をしっかり確認してください。内容に誤りがなければ、この後はプログラミング言語に翻訳する作業です。いつかプログラミング言語の学習を始めたときには、ぜひ、この指示書を翻訳してみてください。正しく翻訳できれば暗号が作れるはずです！

　日本語の指示書を2つ作ってみて、いかがでしたか？　私たちのしたいことをコンピュータに伝えるにはどうすればいいのか、雰囲気だけでも伝わったでしょうか。

まだまだ改良の余地 ➡
はあるけれど……

　正直にいうと、「秘密の暗号プログラム」はこれで完璧というわけではありません。たとえば、指示書の1番め。「キーボードから1文字入力する」になっていますが、このプログラムを利用する人が間違えて複数の文字を入力するかもしれません。そうすると、コンピュータは「文字がたくさん送られてきた！どうしたらいいの??」と混乱して、動作を停止してしまうのです。この最悪な状態を未然に防ぐにはどうすればいいと思いますか？　そう、キーボードから複数の文字が入力されたときにコンピュータは何をすればよいかを考えて、日本語の指示書を作り直せばいいですね。

何事も一歩ずつ ➡

　この章では、プログラムを作るときは「欲張らないこと」が大切だと繰り返しいってきました。理由は「できた！」という達成感こそが、やる気の源になるからです。今回の「アルファベット1文字を暗号用の文字に変換する」という小さな目標が達成できたら、次は「複数の文字が入力されたときにエラーメッセージを表示する」、それが達成できたら次は「入力されたすべての文字を1文字ずつ暗号に変換する」のように、少しずつ目標を上げていきましょう。これを繰り返すことで、本当に使える便利なプログラムが必ず完成します。

　第4章からは、プログラミングの世界で使われる言葉の意味や概念を見ていきましょう。これらを知ることで「ロボボのお使いプログラム」と「秘密の暗号プログラム」の中で部分的に字下げした理由や、無駄に思えた命令の意味がわかります。また、2つの指示書がこの先どのように変化していくのかも、楽しみにしていてください。

6 ところで「アルゴリズム」って何?

　この章の最後に、アルゴリズムについて少し説明しておきましょう。図3-6は、白と黒のボードを使って作る人文字のデザインです。この人文字を完成させるために、ボードは全部で何枚必要でしょうか？「いきなり何?」といいた

くなる気持ちを抑えて、少し考えてみてください。

図3-6
白と黒のボードで「HELLO」を作る

答えは125枚です。みなさんはどうやって答えを出しましたか？

(A) 1、2、3、4……と1枚ずつ数える
(B) 縦と横の枚数をそれぞれ数えて「5枚×25枚」を計算する
(C) 1文字に使う枚数と文字数から「25枚×5文字」で計算する

アルゴリズムの本質 ➔ 　答えを出す方法は、ひとつではありませんね。この問題の解き方のことを**アルゴリズム**といいます。
　コンピュータを使って何か答えを出すとき、その方法はひとつとは限りません。たとえば、ロボボの仕事が、

　小包を出す
　トイレットペーパーを買う
　銀行で記帳する

の3つだったらどうでしょう？

(A) 郵便局→銀行→ドラッグストア→家
(B) ドラッグストア→銀行→郵便局→家
(C) 郵便局→ドラッグストア→銀行→家
(D) 銀行→ドラッグストア→郵便局→家
　　　　　　　⋮

アルゴリズムによって ➔
所要時間が変わる
　いろいろな道順（アルゴリズム）が考えられますが、ここでもう一度、地図を確認してください（次ページの図3-7）。(A)と(B)は動線に無駄がありませんが、(C)と(D)は明らかに同じ道を何度も行き来していますね。
　仕事の内容は同じでも、**アルゴリズムが変わると、コンピュータが結果を出すまでの時間が変わる**ことがあります。一般的に、時間がかかるよりも、早く終わるほうが好まれます。みなさんもロボボに早く戻ってきてほ

しいでしょう？

図3-7

効率が良い道順は？

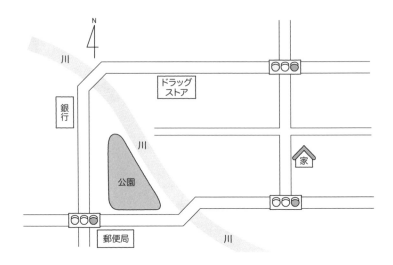

アルゴリズムによって ➡
結果が変わる

　それともうひとつ、**アルゴリズムが変わると結果が変わることがあります**。たとえば図3-8は写真を白と黒の2色で表現した様子ですが、その方法（アルゴリズム）が変わるだけで、ずいぶん感じが違うでしょう？　この場合は、どちらが正解とはいえません。どちらの結果がほしいのか、それによって採用するアルゴリズムを決めることになります。

図3-8

写真を白と黒の2色で
表現する

元の写真

実際にみなさんがアルゴリズムの違いを意識するようになるのは、まだもう少し先の話かもしれません。いまの段階では、アルゴリズムは処理速度や結果に影響を与えるということを、頭のどこか片隅に置いておくだけで十分です。

第**4**章 データの入れ物

プログラミングの基本は「欲張らないこと」だから、最初は足し算だけができるプログラムを作ろう！ ——そう思ってプログラムに「1＋1」のような計算式を書いてしまうと、そのプログラムは「1＋1」を計算するプログラムになってしまいます。これは本当に作りたいプログラムではないでしょう？ この場合は、足し算に使う2つの値をaとbで表して「a＋b」のような式を書いておくのが正解です。

aとbは**プログラムで使う値（データ）を入れる箱**です。どんなプログラムも、必ず「値を入れる箱」を使います。

1 値を入れる箱 ── 変数

もう一度、第3章「**4.3 秘密の暗号プログラム**」（65ページ）を参照してください。日本語の指示書には、

1 キーボードから1文字入力する
2 もしも入力した文字が半角スペースまたはピリオド (.) ならば、
3 　入力した文字をそのまま画面に出力する
　　　　　　　　　　　　　　⋮

のように書かれていますが、どこか気になる点はありませんか？

2行めは、入力された文字が半角スペースまたはピリオド (.) のどちらかと一致するかどうかを調べる命令ですが、この命令を実行するには1行めの実行結果（キーボードから入力した文字）を覚えていなければなりません。何が入力されたのかを覚えていなければ、暗号に変換できる文字かどうかを調べることができないでしょう？

コンピュータに ⮕
記憶させる方法

　キーボードから入力した文字を覚えておくために使うのが**値を入れる箱**です。これを使うと、日本語の指示書は次のようになります。

1. キーボードから1文字入力して「箱」に入れる
2. もしも「箱」の中身が半角スペースまたはピリオド (.) ならば、
3. 　「箱」の中身をそのまま画面に出力する
    ⋮

1.1 変数とは？

プログラムは、いろいろな値を使うことを前提に作るのが基本です。なぜだかわかりますか？　たとえばスマートフォンのメッセージアプリは、いろいろなメッセージを送ったり受け取ったりすることができます。写真加工用のアプリも、加工したい写真をアルバムから自由に選択できますね。「おはよう」しか送れないメッセージアプリや、同じ写真しか加工できないアプリは、誰も使おうと思わないでしょう？

変数はプログラムで → 使う値を入れる箱

「足し算プログラム」であれば、2つの値を使って足し算ができなければ意味がありません。しかし、2つの値が何になるかは、プログラムを作る段階ではわかりません。そこで、

値はわからないけれど、2つの値を使って足し算することは確実だから、その値を入れる箱を用意しよう

のように考えてプログラムを作ることになります。この箱が**変数**です。

変数の使い方については、この後の「**2　箱の使い方**」(75ページ) で説明しますが、「足し算プログラム」を作るときに「a＋b」のような書き方をしておけば「aが5、bが10のとき、答えは15」や「aが5、bが50のとき、答えは55」のように、プログラムを実行するときにaとbに入れる値を変えるだけで、いろいろな数を使った足し算ができます。プログラムに書いた「a＋b」という式を変更する必要はありません (図4-1)。

図4-1

箱の中身を変えるだけで、いろいろな数で足し算ができる

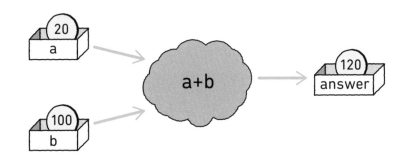

改めて説明すると、変数は**プログラムで使う値を入れる箱**です。キーボードやカメラ、マイク、センサなどの装置[*1]から入力した値を入れるだけでなく、その値を使って加工した結果を入れるときにも変数を使います。図4-1でも「答え」が箱に入っているでしょう？

箱には名前を付ける ⮕

変数にはプログラムを作る人が自由に名前を付けられます。図4-1の場合は、箱に書かれているa、b、answerが変数に付けた名前です。もしも名前がなかったら、どの変数を何に使っているのかがわからなくなるだけでなく「a＋b」のような計算式を書くこともできません。

「でも、どうして英語なの？」と思った人がいるかもしれませんね。厳密にいえばanswer以外のa、bは英語ではなく半角アルファベットですが、この本では、変数名に半角英数文字を使うことをお勧めします。なぜなら、プログラミング言語の中には変数名に日本語を使えるものもあります[*2]が、そういう場合でもプログラムは基本的に半角英数字で記述しなければならないからです。変数名を入力するたびに日本語入力モードに切り替えるのは、思っている以上に大変です。以下の点にも気をつけながら、変数名を考えてください。

■値の意味がわかるような名前を付ける

後で見たとき ⮕
わかるように

変数の名前には、そこに入れる値の意味がわかるような名前を付けるのが大原則です。計算結果を入れる変数であれば「answer」や「kotae」、商品の値段を入れる変数であれば「price」や「kakaku」のような名前を付けることができます。

ここでもう一度、図4-1を参照してください。この図では、計算に使う値を入れる変数に「a」「b」という名前を付けていますが、本当は1文字だけの変数名はお勧めできません。たった1文字では値の意味を想像しにくいからです。もちろん、プログラムの内容と、そこで使う値の意味をよく考えたうえで「足し算に使うだけだからaとbでいいな」と判断したのであれば、1文字の変数名でも問題ありません。

■プログラミング言語の規則に従う

どのプログラミング言語にも**名前付け規則**があります。たとえば、次のよう

[*1]　第2章「**2.1　コンピュータの構成要素**」(37ページ) を参照してください。
[*2]　PythonやJava、Excel VBAなどは、変数名に日本語を利用できます。

な規則です。

- 名前に使える文字は半角のA〜Z、a〜z、0〜9とアンダースコア（_）のみ
- 名前の先頭は半角アルファベットにする
- プログラミング言語に用意されている命令[*3]と同じ名前は使えない

命名規則を守る ➡ これらの規則に違反しているときは、プログラミング言語からコンピュータが理解できる0と1のプログラムに翻訳することができません。なお、名前付け規則は、プログラミング言語ごとに少しずつ違いがあります。必ず自分が使うプログラミング言語の説明書で内容を確認し、その規則に従って名前を付けてください。

▌プログラマーたちの慣習に従う

プログラムの世界には、多くのプログラマーたちに認められている名前の付け方がいくつかあります。その代表的なものが、

カウンタの名前はiにする

その世界のやり方にも ➡
従う というものです。第6章で説明しますが、プログラムでは、同じ処理を何度も実行するという構造をよく利用します。このときに繰り返した回数を数える変数の名前を「i」[*4]にするのは、プログラマーたちの常識です。

また、変数の名前が長くなるときの書き方にも暗黙のルールがあります。たとえば、消費税込みの価格を入れる変数の名前を「tax（税）」と「included（含まれた）」の組み合わせで作るときは、

tax_included ← 単語の区切りにアンダースコア（_）を入れる
taxIncluded ← 2つめ以降の単語は先頭文字を大文字にする
TaxIncluded ← 単語の先頭文字を大文字にする

のような書き方がありますが、どれを採用するかはプログラミング言語によって決まります。先輩プログラマーたちが書いたプログラムを参考にして、そのプログラミング言語での書き方に従うようにしましょう。

[*3] **予約語**と呼ぶこともあります。
[*4] *index*（連動する）や*integer*（整数）の頭文字に由来しているようです。

もうひとつ、

変数名は小文字を基本とする

ということも覚えておきましょう。プログラムを書くときは**定数**という、値を入れる箱とよく似たものも使うことがあります。2つを区別するために、変数名は小文字、定数名は大文字にするのが一般的です。

豆知識 定数とは?

変数は「値を入れる箱」ですが、定数は「値そのものに付けた名前」です（図4-2）。**プログラムで使う値のうち、頻繁に更新する必要のない値は、定数にする**のが一般的です。

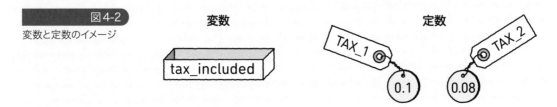

図4-2
変数と定数のイメージ

変数

定数

商品の販売価格や割引価格を計算するプログラムがあると仮定しましょう。これらの価格を計算するには消費税率も必要ですが、プログラムのあちこちに、

price × (1 + 0.1)

のような計算式を書いてしまうと、税率が変わったときにプログラムを修正するのが大変です。しかし、

0.1にTAX_1という名前を付ける

と宣言[*5]して定数にすれば、上の計算式は、

price × (1 + TAX_1)

のように書けます。また、消費税率が変わったときには、

0.15にTAX_1という名前を付ける

と、定数の宣言部分を変更するだけですみます。プログラムの中を全部調べて、いちいち計算式を書き替える必要はありません。

[*5] コンピュータが計算式を見たときに「TAX_1って何?」と戸惑うことがないように、あらかじめコンピュータに伝えるための命令です。詳しくは「**2　箱の使い方**」で説明します。

2 箱の使い方

変数を使って「足し算プログラム」を作ろう！──そう思って、

a＋bの答えをanswerに入れる

のような命令を書いても、コンピュータは動いてくれません。なぜなら、コンピュータは曖昧な表現を理解できない[*6]からです。いきなり「a＋bの答えをanswerに入れる」といわれても「aって何？」「bは？」「answerは??」となって、動くことができないのです。

2.1 箱を用意する──変数の宣言

変数を利用するときは、

足し算に使うためにa、b、answerという名前の変数を使う

変数を宣言すると ➡
箱ができる

のように、最初に宣言しなければなりません[*7]。これで、コンピュータにもa、b、answerを使う準備──つまり「値を入れる箱」[*8]ができます。以降は、

aに10を入れる
aの値を画面に出力する

のように、変数の名前を使って箱に値を入れたり、箱から値を取り出して利用したりできるようになります（図4-3）。

図4-3
変数の使い方

a に10を入れる

10
a

a を画面に出力する

[*6] 第3章「**1　コンピュータへの命令のしかた**」（48ページ）に戻って確認してください。

[*7] プログラミング言語の中には、Pythonのように、変数の宣言を必要としないものもあります。詳しくは「**3.2 変数の宣言の役割**」の【コラム】（81ページ）を参照してください。

[*8] この後の「**3.2　変数の宣言の役割**」（80ページ）で改めて説明します。

なるほど……。「足し算プログラム」は、

1 足し算に使うためにa、b、answerという名前の変数を使う
2 a＋bの答えをanswerに入れる
3 answerを画面に表示する

この順番で命令を書けばいいんだね！ —— というのは間違いではないのですが、実際には、もうひとつやらなければならないことがあります。それが**箱の掃除**です。

作った直後の箱には ➡ ゴミが入っている

変数を宣言した直後は、箱の中に何が入っているかわかりません。わからないといっても、コンピュータが用意する箱ですから、入っている値は0と1の羅列です。しかし、その値には「意味がない」のです（図4-4の上）。この状態で、

a＋bの答えをanswerに入れる

と命令したら、どうなるでしょう？　コンピュータは、いわれたとおりに「a＋b」を計算しますが、そもそも2つの値に意味がなかったら、answerに入れた答えも意味がない値です。

コンピュータには、計算に使う値が正しいかどうかを判断する力はありません。そんなコンピュータに無駄な計算をさせないように、変数を使うときは、

計算に使う前に、値を入れる

という処理を忘れずに行ってください（図4-4の下）。これを**変数の初期化**といいます。箱の中身が変わらなかったとしても、初期化を行うことで、「意味のない値」から「意味のある値」になります。

計算に使う変数は ➡ 初期化が必要

変数に最初に入れる値のことを**初期値**といいます。「足し算プログラム」のように計算に使う値を入れる変数であれば、0や0.0がよく使われます。また、プログラムの実行中にキーボードから入力した値を初期値にすることもできます。この方法を利用すると「足し算プログラム」は次のようになります。

変数を使って指示書 ➡ を書くと……

1 足し算に使うためにa、b、answerという名前の変数を使う
2 キーボードから入力した値をaに入れる
3 キーボードから入力した値をbに入れる

ここで「answerは初期化しなくて大丈夫なの？」と思った人がいるかもしれませんね。変数を初期化するのは「意味のないデータを計算に使わないため」です。aとbは計算に使う値ですから初期化が必要ですが、answerは計算した後の答えを入れる変数です。別の言い方をすると、a＋bの答えで初期化される（4行め）ので、その前にわざわざ初期化する必要はありません。

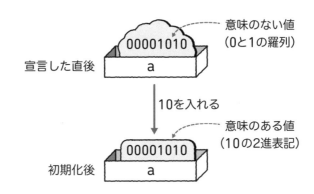

図4-4
「意味のない値」と「意味のある値」

2.3 箱に値を入れる──代入

変数に値を入れることを**代入**といいます。具体的な方法については第5章で説明しますが、変数には何度でも値を入れ直すことができます。なぜなら、変数を宣言して初期値を入れた後、何も入れられなかったら使い道がないでしょう？

箱の中身は最後に入れた値で上書きされる

プログラムを実行している間、変数の値は絶えず変化します。プログラムを作るときは、その命令を実行するときに変数に何が入っているか、つねに意識するようにしましょう。たとえば、

aに10を入れる
aに100を入れる
aに1を入れる

の順番で命令を実行したときは、最後に入れた「1」が、いまの変数の値になります。

日本語の指示書はどうする？

「足し算プログラム」の指示書は、変数の使い方を説明するためにa、b、answerのように具体的な名前を記述しました。同じような形で「秘密の暗号プログラム」の指示書を書くと、次のようになります。

1. キーボードから入力した文字を入れるためにmojiという名前の変数を使う
2. 文字コードを入れるためにcodeという名前の変数を使う
3. 新しい文字コードを入れるためにnew_codeという名前の変数を使う
4. 新しい文字を入れるためにnew_mojiという名前の変数を使う
5. キーボードから1文字入力してmojiに入れる
6. もしもmojiが半角スペースまたはピリオド (.) ならば、
7. 　　mojiをそのまま画面に出力する
8. もしもmojiが半角スペースまたはピリオド (.) 以外ならば、
9. 　　mojiの文字コードを調べてcodeに入れる
10. 　　codeから10を引いてnew_codeに入れる
11. 　　new_codeに対応する文字を調べてnew_mojiに入れる
12. 　　new_mojiを画面に出力する

いかがでしょうか。「なんだかややこしくなったぞ？」——そう思いませんか？

変数を使わなければ、プログラムで値を扱うことができません。しかし、指示書を書く段階で変数のことまで考えてしまうと、かなりプログラミング言語寄りの頭になってしまいます。これでは日本語の指示書を書く意味[*9]が薄れてしまいます。

日本語の指示書は第3章「**4.3　秘密の暗号プログラム**」（65ページ）で作ったものを完成形としましょう。実際にプログラミング言語に翻訳する段階になってから、どの値をどういう変数に入れるかを考えて指示書に書き加えれば、上述の指示書になります。プログラムにより近い形になったので、**プログラムの設計書**と呼ぶほうが相応しいかもしれませんね。日本語の指示書からプログラムの設計書へ、そしてプログラミング言語へ翻訳——この手順で作業すれば、間違いなくプログラムは完成します。

[*9]　第2章「**3.1　プログラミングって何をすること？**」（41ページ）、第3章「**2　日本語の指示書の役割**」（52ページ）に戻って確認してください。

3 箱の大きさ —— データ型

突然ですが、図4-5を見てください。何だと思いますか？

図4-5
これは何？

$$123-4567$$

同じ数字の羅列でも ➡
見方によって意味が
変わる

ハイフン (-) で区切られた3桁と4桁の数字から郵便番号だと思った人、ハイフンではなくマイナス記号と解釈して引き算だと思った人——、どちらも正解ですが、ここで気づいてほしいのは、解釈のしかたによって値の扱い方が変わるという点です。

郵便番号の場合は「1」「2」「3」「-」……の文字の集まりですが、引き算のときは「123」と「4567」の2つの数値と引き算を表す記号[*10]です。プログラムでは、この違いを**データ型**で表します。

3.1 データ型とは？

少し難しい話になるのですが、データとは**コンピュータで扱える状態になった値**のことです。第2章「**1　コンピュータが情報を処理する方法**」(25ページ) で、コンピュータはすべての情報を0と1の2つの値で扱うという話をしたのですが、覚えていますか？　たとえば、計算に使える数値としての「123」は、コンピュータの内部では、

人間にとっては同じ ➡
数字でもコンピュータ
にとっては大違い

01111011

という値になります。また、郵便番号の最初の3桁——つまり、文字列としての「123」は、

001100010011001000110011

[*10] これを**演算子**といいます。詳しくは、第5章「**2.1　計算に使う記号——算術演算子**」(92ページ) で説明します。

です[*11]。この2進数で表現された値がデータ[*12]です。

キーボードから入力するときは同じ「123」でも、数値として扱うか、文字として扱うかによって、コンピュータの内部ではまったく違う値になります。いちばんの違いは、データの量です。数値と文字の集まりとでは、2進数の桁数が全然違うでしょう？ つまり、

データの種類を表す →
データ型

値を入れるときの箱の大きさが違う

のです。この箱の大きさを決めるのが**データ型**です。**データの種類**と考えてもかまいません。

基本的なデータ型は、整数型、実数型、文字列型、論理型です。プログラムを作るときは、その値がどういう種類のデータかをつねに意識して、適切な箱を使い分けなければなりません。そのために行うのが、前節で説明した**変数の宣言**です。

3.2 変数の宣言の役割

改めて説明すると、変数の宣言は、コンピュータに変数の名前と、そこに入れるデータの種類を知らせる命令です。プログラミング言語の種類にもよりますが、たとえば「123」を数値として使う場合は、

宣言は箱の性質を →
決める命令

整数型の値を入れる箱にkazuという名前を付ける

のように宣言してください。文字として使うのであれば、

文字列型の値を入れる箱にmojiという名前を付ける

です。この宣言を見て、コンピュータは適切な大きさの箱を用意して名前を付けます（図4-6）。

図4-6
変数の宣言

整数型　　　　　　文字列型

[*11] それぞれの文字コードを8桁の2進数で表した値です。詳しくは、第2章「**1.2　文字の表し方**」（28ページ）を参照してください。

[*12] 厳密にいえば、の話です。実際は「コンピュータにデータを入力する」のような表現も広く使われます。

これで値を入れる準備が整ったのですが、ひとつだけ覚えておいてほしいことがあります。それは、kazu は整数を入れる箱、mojiは文字列を入れる箱だということです。**宣言したデータ型以外の値を入れることはできません。**

変数の宣言方法　　　　　　　　　COLUMN

変数を宣言する方法は、プログラミング言語ごとに異なります。たとえば、

(A) 整数型の値を入れる箱に kazu という名前を付ける

のようにデータ型と変数名の両方を必ず指定するもの[*13] もあれば、

(B) 値を入れる箱に kazu という名前を付ける

のように変数名だけでかまわないもの[*14] もあります。また、いっさい宣言をせずに、いきなり

(C) kazu に 123 を入れる

と命令してかまわないプログラミング言語[*15] もあります。(B)と(C)のようにデータ型を指定しない場合は、最初に代入した値で変数のデータ型が決まります。便利ではありますが、間違えた値を入れてしまうと、自分が考えていたものとは違うデータ型になってしまうので注意しましょう。

3.3 　数値を入れる箱 ── 整数型／実数型

コンピュータは整数と
実数を明確に区別する

整数と実数の違い、説明できますか？　1、5、123のように小数点を含まない値は整数、1.2、5.0、12.3のように小数点を含む値は実数です。コンピュータは、この2つを**整数型**と**実数型**という別のデータ型で扱います。プログラムを作るときは、計算の答えがどのような値になるかをつねに意識してください。値を入れる箱──つまりデータ型を間違うと、大事なデータの一部を失うことになりかねません。

たとえば「10÷2」の答えを整数型の箱に入れると「5」、実数型の箱に入れると「5.0」になります(次ページの図4-7)。整数が実数に変わりますが、これが問題になることはありません。

---

*13　C言語、C#などがあります。

*14　Java、Swiftなどがあります。

*15　Python、Excel VBAなどがあります。

図4-7

整数を入れると……

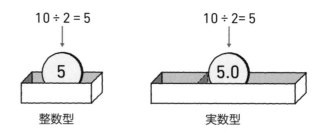

10 ÷ 2 = 5　　　　　　10 ÷ 2 = 5

5　　　　　　5.0

整数型　　　　　　実数型

データ型の間違いに 🔁
よるデータ喪失に注
意

　問題になるのは、逆の場合――つまり、実数を整数の箱に入れた場合です。
さきほどと同じように「10÷4」の答えをそれぞれの箱に入れた様子が図4-8で
す。何が起こったかわかりますか？

図4-8

実数を入れると……

10 ÷ 4 = 2.5　　　　　　10 ÷ 4 = 2.5

2　　　　　　2.5

整数型　　　　　　実数型

　図4-9は整数型と実数型のイメージです。整数型の箱にはない仕切りが、実
数型の箱にはあるでしょう？　これは、コンピュータが小数点を扱うための工
夫です。逆の言い方をすれば、整数型の箱には仕切りがないので、小数点を扱
うことができません。そのため、**実数を整数型の箱に入れると、小数
点以下の値が失われます**。ここで失ったデータは元に戻すことができま
せん。計算の答えを変数に入れるときは、データ型に間違いはないか、必ず確
認してください。

図4-9

整数型と実数型の
イメージ

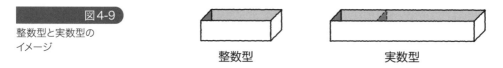

整数型　　　　　　実数型

📖豆知識 浮動小数点数

　私たちは実数を表現するときに「10.5」のように小数点を使いますが、コンピュータは**浮動小数点数**という、ちょっと変わった方式で表現します。これを理解するために、まずは慣れ親しんだ10進数で、数の表現方法を説明しましょう。

　「123.45」の整数部分が1桁になるように小数点を移動すると「1.2345×100」で表すことができます。「100」は「10×10」ですから「1.2345×100」は「1.2345×10^2」と同じですね。「67.89」であれば「6.789×10^1」、「98765.4」は「9.87654×10^4」のように表せます。このように小数点の位置を動かして10のn乗で表す方法を**指数表記**といいます。

　コンピュータは、これを2進法で行います。たとえば、10進数の「10.5」は2進数で表すと「1010.1」です[16]。これを整数部分が1桁になるように小数点の位置を動かすと「1.0101×2^3」のように2のn乗で表すことができます。これが浮動小数点数です。実数型の箱には「小数点以下」と2の「n乗」の部分を、図4-10のように分けて入れています。

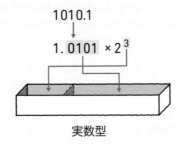

図4-10
浮動小数点数と実数型
の箱

```
1010.1
  ↓
1.0101 × 2³
```

実数型

3.4　箱に入れられる数値の範囲

➡ 箱の大きさで、入れられる数値の範囲が決まる

　整数型と実数型には、大きさの違う箱がいくつか用意されているのが一般的です。たとえば次ページの図4-11は、大きさの違う整数型の箱です。1バイト[17]の箱には2進数の8桁しか入れることができませんが、2バイトになると16桁まで入れることができます。つまり、1バイトと2バイトの箱では、そこに入れられる値の範囲が変わるということです。

---

[16]　「どうして？」と思うかもしれませんが、10進数から2進数への変換は、コンピュータの内部で行われることです。私たちが2進数を気にする必要はありません。「どうしても気になる！」という人は「10進数、2進数、変換」のようなキーワードで調べてみましょう。

[17]　大きさの単位については、第2章「**1.4　色の表現方法**」の【豆知識】（33ページ）を参照してください。

図4-11

箱の大きさの違い

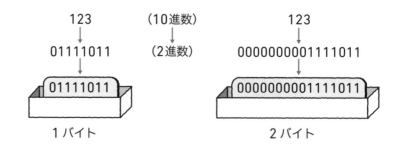

2進数の1桁で表せる値は0と1の2種類です。8桁になると、

$$2 \times 2 \times 2 \times 2 \times 2 \times 2 \times 2 \times 2 = 256$$

となり、正の数に限定すると、1バイトの箱には0～255までの値を入れることができます。2バイトの箱は0～65,535（$2^{16} = 65,536$）です。

箱から溢れたデータ ➡ は捨てられる

10進数の「123」であれば、図4-11のように、どちらの箱に入れても問題はありません。2進数は右詰めで箱に入れるので、左側の余った桁は0で埋めるだけです。問題になるのは、「256」のように、用意した箱よりも大きな値です。1バイトの箱では左端の1桁が箱に入りきらずに捨てられてしまいます（図4-12）。この状態を**オーバーフロー**といいます。

図4-12

オーバーフロー

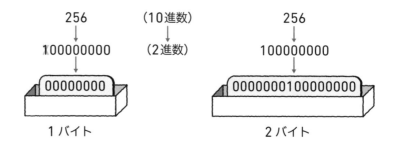

オーバーフローすると ➡ 値が変わる！

オーバーフローが発生すると、入れたはずではない値が箱に入っているので、注意しなければなりません。図4-12では10進数の「256」を入れた**はず**ですが、箱の中身は2進数の「00000000」——つまり「0」です。まったく違う値でしょう？

コンピュータは「オーバーフローが発生したよ！」と教えてくれるほど親切ではありません。プログラムを作るときは、答えがどのような値になるのかを予測して、適切な大きさの箱を選ぶ必要があります。

豆知識 正の数と負の数

「5は正の数」「−5は負の数」のように、私たちは符号（−）の有無で2つの違いを表しますが、コンピュータは0と1しか扱うことができません。そこで、値を入れる箱の先頭1桁を符号用に使って、0のときは正の数、1のときは負の数を表すことにしています（図4-13）。これを**符号ビット**といいます。

図4-13　符号ビットと扱える値の範囲

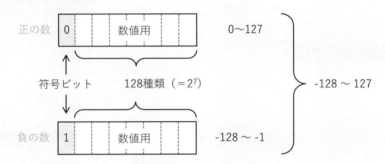

本文ではオーバーフローの説明を優先して値を正の数に限定しましたが、実際は符用に1桁使うので、数値の表現に使える桁数は1桁少なくなります。たとえば、1バイトの整数型であれば7桁です。つまり、正の数は0〜127、負の数は−1〜−128、合わせて−128〜127が1バイトの整数型で扱える値の範囲になります。

プログラミング言語の中には「符号付き1バイト整数型」や「符号なし1バイト整数型」のように、符号の有無で別のデータ型を用意しているものもあります。数値を扱うデータ型にどのような種類があるか、また箱の大きさはどのくらいかは、それぞれのプログラミング言語の説明書で確認してください。

3.5　文字の集まりを入れる箱 ── 文字列型

0文字以上の文字が集まったものを**文字列**といいます。プログラムでは、これを**文字列型**というデータ型で扱います。「ちょっと待って。1文字以上の間違いでは？」と思うかもしれませんが、プログラムの世界では0文字でも1文字でも数百文字でも、すべて「文字列」として扱います。このように、

文字列には決まった大きさがない

という点が、他のデータ型と大きく異なります。

たとえば、

整数型の値を入れる箱にkazuという名前を付ける

と宣言したときは、プログラミング言語で決められた大きさの箱が用意されますが、

文字列型の値を入れる箱にmojiという名前を付ける

文字を代入したときに 箱の大きさが決まる ➡の場合は、文字列を入れる箱を用意するだけで、大きさはまだ決まっていません（図4-14の上）。そこに具体的な値を入れると、その文字数に応じて箱の大きさが決まるというイメージです（図4-14の下）。プログラムで文字列を扱うときは文字数が決め手になるということを覚えておきましょう。

図4-14

文字列型のイメージ

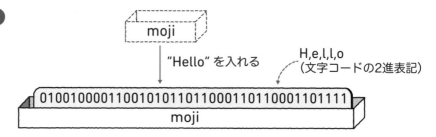

さて、文字列型も、宣言した直後の箱には意味のない値が入っています。数値の場合は0や0.0を初期値に使うのですが、文字列の場合は「空っぽの箱」にするのが一般的です。このときに使われるのが、0文字の文字列です。**長さ0の文字列**や**空文字列**のように表現されることもあります。

文字列型では0文字 の文字列を初期化に 使う ➡「文字がないのに、どうやって箱に入れるの？」と不思議に思いますよね。変数に値を入れる方法については第5章で改めて説明しますが、プログラムでは文字列を、

'Hello'
"Hello"

のように引用符（'）または二重引用符（"）で囲む決まりになっています。このときに引用符を2つ続けて、

""

にすると、0文字の文字列になります。引用符の間に1つでもスペースを入れると空白文字（スペース）になるので注意しましょう。

プログラミング言語の中には、文字列型が用意されていない[18]ものもあります。その場合は、1文字を入れる**文字型**を並べて使います。銀行の振込用紙などで、1文字ずつ記入するための、マス目が区切られているものを見たことがありませんか？　そのイメージです（図4-15）[19]。

図4-15　文字型の箱を並べて「Hello」を入れる

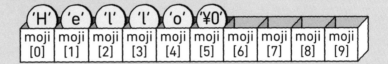

この方式で文字列を扱うときは、

文字型の箱を10個用意して、moji という名前を付ける

のように、宣言時に文字数を指定する必要があります。また、文字列の終わりを示す特別な文字（図4-15では「¥0」）[20]も使うので、変数を宣言するときには、この文字の分も含めて十分なサイズを用意してください。

このように箱を並べて使う方法は、文字列だけでなく、数値でも利用します。詳しくは、第7章で説明します。

3.6　「はい」か「いいえ」を入れる箱 —— 論理型

質問に「はい」か「いいえ」で答える場面、よくありますね。

あなたはSNSを利用していますか？
「はい」のときは、よく利用するSNSを記述してください。
「いいえ」のときは、SNSを利用しない理由を記述してください。

このように「はい」か「いいえ」で異なる動作を要求されることもあるでしょう？　プログラムでも、同じように「はい」と「いいえ」のどちらを選ぶかで別の処理をすることがあります。この「はい」と「いいえ」を入れる箱が**論理型**です。**ブール型**と呼ぶこともあります。

---

[18]　C言語には文字列型がありません。
[19]　図4-15では、わかりやすいように文字を入れていますが、実際には文字コードを2進数で表した値が入ります。
[20]　これを**終端文字**といいます。**ヌル文字**と呼ぶこともあります。「ヌル（*Null*）」は「何もない」という意味です。

「はい／いいえ」 ⮕
「True／False」
「真／偽」は、
どれも同じ意味

論理型の箱に入れられるのは「**True（真）**」か「**False（偽）**」のどちらかです。それ以外の値を入れることはできません。もちろん、コンピュータの中ですから、箱に入るのは0か1のどちらかになります[*21]が、その値を気にする必要はありません。それよりも、質問の答えが「はい」「正しい」のときはTrue、「いいえ」「正しくない」のときはFalseを使う、ということを覚えておきましょう。質問の作り方は第5章で、その答えで異なる処理を行う方法は第6章で説明します。

[*21] TrueとFalseに割り当てられる値は、プログラミング言語によって異なります。

第**5**章 コンピュータの演算

コンピュータの世界では「計算すること」を演算といいます。私たちは「計算」という言葉から数式を解くことをイメージしますが、コンピュータはこれを算術演算といいます。このほかに、2つの値を比べる比較演算と、TrueとFalseを使った論理演算があります。「ろんりえんざん……?」と頭に「?」が浮かんだかもしれませんね。では、夜間に歩行者が近づくと自動点灯するライトを見たことがありませんか? これはライトの中のコンピュータが論理演算をした結果です。

1 変数に値を入れる──代入

変数の使い方 ⮕ 変数の使い方、覚えていますか?

① **変数を宣言する** ← 値を入れる箱を用意する
② **初期化する** ← 箱の中を掃除する
③ **利用する** ← 箱に値を入れる／箱の中身を使う

この順番でしたね[*1]。**初期化**は変数に初期値を入れること、そして「変数に値を入れる」ことを**代入**といいます。

1.1 代入のしかた──代入演算子

変数に値を代入する方法はとても簡単です。

代入のしかた ⮕ **変数名 = 値**

[*1] 第4章「**2 箱の使い方**」(75ページ)で説明しました。

このように「=」*²の左側（これを**左辺**といいます）に値を入れる変数の名前、右側（**右辺**）に代入する値を書くだけです。「=」は**「左辺の変数に、右辺の値を代入する」というコンピュータの命令**のひとつで、これを**代入演算子**といいます。**演算子**は、コンピュータの命令を表した記号、という認識でかまいません。

数値はそのまま、文 ➡
字列は引用符で囲む

たとえば、変数 kazu に数値を代入するときは、次のように右辺に代入する値をそのまま記述します。

    kazu = 10

文字列を代入するときは、その文字列全体を**引用符**（'）または**二重引用符**（"）で囲みます。なぜなら、プログラムは半角英数字で書くからです。引用符で囲まなかったら、プログラミング言語に用意されている命令や変数名と区別がつかなくなるでしょう？　どちらの引用符を使うかは、プログラミング言語の説明書で確認してください。たとえば二重引用符を使う場合は、次のように記述します。

    moji = "Hello"

なお、変数に値を入れた後は、その変数に入っている値のことを「変数 kazu の値」のように表現するのが一般的です。ほんの少しの違いですが、たとえば「変数 kazu に入っている値」や「変数 kazu の中身」などというよりもシンプルでわかりやすいでしょう？

「変数＝変数」は ➡
値のコピー

さて、変数には別の変数の値を代入することもできます。たとえば、変数 kazu の値が10のときに、

    a = kazu

のように記述すると、変数aには10が代入されます（図5-1）。念のためにいっておくと、変数 kazu の中身が移動してなくなるわけではありません。

---

*2　「:=」など別の記号を使うプログラミング言語もあります。

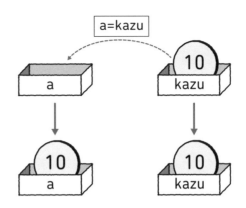

図5-1
変数aに変数 kazu を
代入すると……

1.2 変数に値を入れるときに注意すること

データ型に注意 ➡

変数に値を代入するときは、データ型に注意してください。第4章「**3.2 変数の宣言の役割**」(80ページ)でも説明したように、変数は宣言した段階で、入れられるデータの種類が決まります。文字列型の変数に数値を代入したり(図5-2の左)、数値を扱う変数に文字列を代入したりすることはできません(図5-2の左から2番め)。また、数値を扱うときは小数点の有無にも気をつけてください。整数型の変数に実数を代入すると、小数点以下の値が失われます[*3](図5-2の左から3番め)。

図5-2
データ型を間違うと……

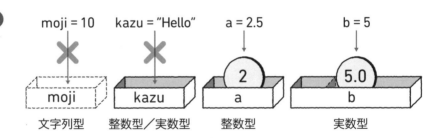

---

*3　第4章「**3.3　数値を入れる箱──整数型／実数型**」(81ページ)で説明しました。

2 コンピュータを使って計算する —— 算術演算

式の書き方 ⮕　コンピュータに「10＋5」を計算させるときは、

answer ＝ 10＋5

のように、代入演算子の左辺に答えを代入する変数名、右辺に計算式を書きます。これで、変数answerには答えの「15」が代入されます。

2.1 計算に使う記号 —— 算術演算子

計算自体は ⮕
算数と同じ

　表5-1は、プログラムで計算式を書くときに使う記号です。これを**算術演算子**といいます。数学で計算式を書くときに使う記号とほぼ同じですが、「×」と「÷」はキーボードから入力できません。その代わりに「＊」や「／」を使うのが一般的です。

表5-1
計算に使う記号

算術演算子	意味
＋	足し算
－	引き算
＊	掛け算
／	割り算

割り算の演算子は ⮕
ほかにもある

　割り算だけは「／」のほかにも、いろいろな演算子があることを覚えておきましょう。たとえば、

10÷3は？

と聞かれたとき、あなたならどう答えますか？「3.333333」のように実数で答える人、「3余り1」のように答える人など、答え方はいろいろですね。

　プログラミングの経験が少ない段階ではなかなかイメージしにくいかもしれませんが、割り算をするときには、答えを「実数」で欲しいとき、「商」だけが欲しいとき、「余り」だけが欲しいときなど、いろいろな場面に遭遇します。そのときに欲しい答えが得られるように、どのプログラミング言語でも割り算用の演算子は3種類用意されているのが一般的です。

　また「2^8」（2の8乗）のように、べき乗を計算するための演算子を用意しているプログラミング言語もあります。どのような算術演算子があるのか、またど

のような記号を使うのかは、プログラムを書く前に、必ずプログラミング言語の説明書で確認してください。

2.2 a＝a＋1の意味

繰り返しになりますが、プログラムで計算するときは、

answer ＝ 10 ＋ 5

のように、答えを入れる変数の名前を左辺に、計算式を右辺に書くのが決まりです。しかし、上の例のように具体的な値だけで式を書くことは、ほとんどありません。なぜなら、「10＋5」しかできないのなら、コンピュータに計算させる必要はないでしょう？　通常は、

answer ＝ a ＋ b
menseki ＝ teihen × takasa ÷ 2 *4

のように、変数を使った式を記述します。そうすれば、変数に代入する値を変えるだけで、いろいろな計算ができますね。

　さて、プログラムでは、

算数の「＝」（イコール）とは意味が違う →　a ＝ a ＋ 1

も正しい命令になるのですが、どんな計算をするかわかりますか？　少し考えてみてください。

　代入演算子 (=) の仕事は「左辺の変数に、右辺の値を代入すること」です。つまり、上の命令は、

現在の変数aの値に1を足して、その答えを変数aに代入する

という意味になります。たとえば、変数aの値が1のときに「a＝a＋1」を実行すると、変数aの値は「2」になります（次ページの図5-3）。

---

*4　ここでは、掛け算、割り算に数学で用いる記号を使っていますが、実際のプログラムでは「＊」や「/」の算術演算子を使用します。以降に記載した計算式も同様です。

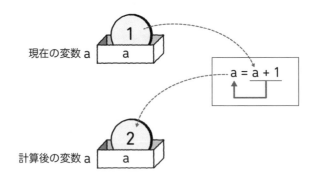

図5-3
a＝a＋1の意味

現在の変数 a

a = a + 1

計算後の変数 a

2.3　計算の順番

「a＝a＋1」はプログラム特有の計算式ですが、それ以外の計算式の書き方や計算の順番は、算数の時間に習ったものと同じです。ちゃんと覚えていますか？

ルールに従って計算 ➡
すれば同じ答えが得られる

● 足し算と引き算だけ、または掛け算と割り算だけのときは左から計算する
● 足し算、引き算よりも、掛け算、割り算を先に計算する
● ( )の中を先に計算する

こうでしたね。なぜ順番が決められているのか？　それは、**誰が計算しても必ず同じ答えが得られるようにするため**です。たとえば、

10＋5×2

これも決まりに従って計算すれば、答えは必ず「20」になるでしょう？

コンピュータは、どんなに複雑な計算式でも一瞬で答えを出します。しかし、その計算式に間違いがあったら、どうなるでしょう（図5-4）？　当然、正しい答えは得られませんね。

図5-4
欲しかったのは、どちらの答え？

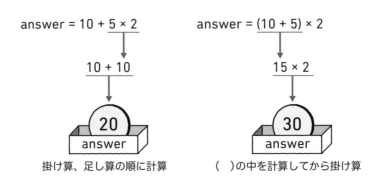

answer = 10 + 5 × 2

10 + 10

20
answer

掛け算、足し算の順に計算

answer = (10 + 5) × 2

15 × 2

30
answer

( )の中を計算してから掛け算

コンピュータでも ➔
演算規則は有効　　　左に示した計算のルールは、コンピュータの世界でも有効[*5]です。すでに身についているとは思いますが、もう一度、しっかり確認しておきましょう。

　　　また、算数では、

$$[\{(10+5)-3\} \div 3]+5 \times 8$$

のような式を書いて、( )、{ }、[ ]の順番に計算することも習いました。このように種類の異なるカッコを使うと計算式が読みやすくなるのですが、残念ながら、プログラムの計算式で使えるのは( )だけです。つまり、上の式は、

( )の対応に注意 ➔　　$$answer = (((10+5)-3) \div 3)+5 \times 8$$

になります。「(」と「)」の対応を間違わないように気をつけましょう。このように複数の( )を組み合わせたときは、内側の( )を先に計算します（図5-5）。

図5-5
内側の( )から順に計算する

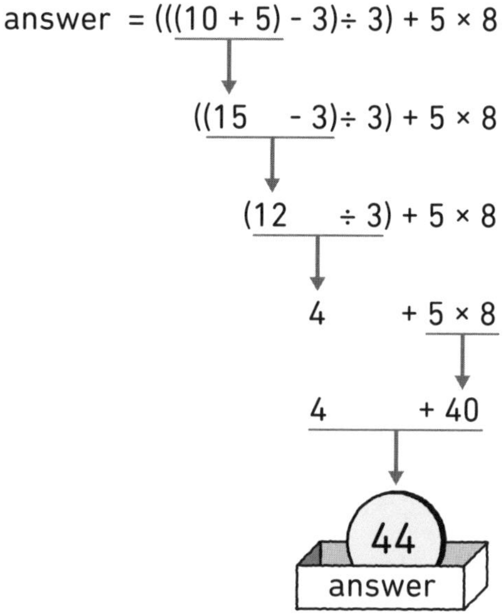

＊5　コンピュータの世界では、演算子を処理する順番が決められています。詳しくは、この後の「6　演算子の優先順位」（120ページ）を参照してください。

計算式の中で ( ) は、計算の順番を指定するほかに、計算式を読みやすくするためにも使われます。たとえば、次の2つの計算式。どちらも同じ順番で計算して答えは「52」ですが、( ) で囲んだ (B) のほうがわかりやすいと思いませんか?

(A) answer = 10 × 5 + 10 ÷ 5
(B) answer = (10 × 5) + (10 ÷ 5)

コンピュータが計算の順番を間違えることは絶対にありませんが、私たちが読み間違えるのは、よくあることです。そういう些細な間違いを防ぐためにも、適切に ( ) を使って、わかりやすいプログラムを書くように心掛けましょう。

ただし、計算式を読みやすくするために挿入した ( ) の位置が間違っていたら、計算の順番が変わってしまうかもしれません。( ) を使うときは十分に注意してください。

2.4　コンピュータの計算間違い?

まずはデータ型を確認 ▶

右辺の計算式は正しく書いた。もちろん、( ) の組み合わせも間違っていない。それなのに、変数に代入された値がおかしい……。プログラムを書いていると、このような場面に遭遇することがあります。これはコンピュータが計算を間違えたわけではなく、主にデータ型が原因です。

■整数で計算している

「5÷2」と「5÷2.0」、どちらも答えは「2.5」——当たり前のことだと思うでしょう? しかし、私たちにとっては同じ値でも、コンピュータは「2」と「2.0」を厳密に区別して扱います。なぜなら、整数と実数とでは値を入れる箱のしくみが異なる[6]からです。そのため、

計算に使う値はデータ型を揃えて計算する

のが基本です。

答えが実数になる計算 ▶

先に「5÷2.0」から見ていきましょう。このように1つの計算式に整数と実数が含まれるとき、コンピュータは整数を実数に直して[7]から計算します。つまり、「5÷2.0」は「5.0÷2.0」という計算になり、答えも実数の「2.5」になります。

---

[6]　第4章「**3.3　数値を入れる箱**——**整数型／実数型**」(81ページ)を参照してください。

[7]　データ型が変わることを**型変換**といいます。この例のようにコンピュータが自動的に行うほかに、プログラムを書く人が明示的に行うこともできます。この後の「**2.5　コンピュータにもできない計算**」(99ページ)で説明します。

答えを代入する変数が実数型であれば問題ありませんが、整数型の場合には小数点以下が失われるので注意してください（図5-6）。

図5-6
整数と実数の計算

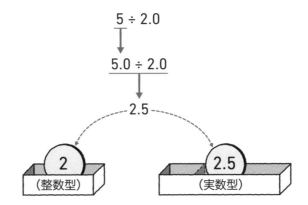

答えが整数になる → 計算

さて、問題は「5÷2」です。私たちが計算すると答えは「2.5」ですが、コンピュータは、

整数型どうしの計算は、答えも整数型にする

というルール*8で計算します。つまり、「5÷2」の答えは「2」です。答えを代入する変数が実数型でも「2.5」という答えが得られるわけではありません（図5-7）。

図5-7
整数と整数の割り算は
要注意

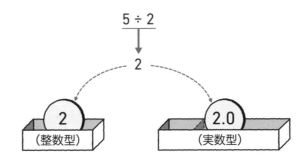

コンピュータは、私たちが思う以上に、整数と実数をきちんと区別して扱います。計算式は正しいのにコンピュータが出した答えがどうもおかしいという

＊8　PythonやExcel VBAのように、整数どうしでも、割り算のときには実数型で計算するプログラミング言語もあります。

場合は、答えを入れる変数だけでなく、計算に使った値のデータ型も確認してみましょう。

▌扱える値の範囲を超えている

第4章「**3.4　箱に入れられる数値の範囲**」(83ページ)で説明したように、整数型と実数型には大きさの違う箱がいくつか用意されていて、どの箱を使うかで、扱える値の範囲が変わります。たとえば、整数型であれば表5-2のようになります。

箱の大きさ	2進数の桁数	値の種類	値の範囲
1バイト	8	$2^7 = 128$	$-128 \sim 127$
2バイト	16	$2^{15} = 32{,}768$	$-32{,}768 \sim 32{,}767$
4バイト	32	$2^{31} = 2{,}147{,}483{,}648$	$-2{,}147{,}483{,}648$ $\sim 2{,}147{,}483{,}647$
8バイト	64	$2^{63} = 9{,}223{,}372{,}036{,}854{,}775{,}808$	$-9{,}223{,}372{,}036{,}854{,}775{,}808$ $\sim 9{,}223{,}372{,}036{,}854{,}775{,}807$

表5-2　整数型の値の範囲[9]

プログラミング言語によって変数を宣言する方法は変わりますが、

1バイトの整数型の箱にanswerという名前を付ける

のように、データの種類と大きさを指定して宣言したときは特に注意してください。この場合、変数answerに入れられるのは「-128〜127」の値です。ここに「100×2」の答えを代入するとどうなるか、それを表したものが図5-8です。答えの「200」は2進数で表すと「11001000」です。8桁の箱にきちんと収まるのですが、先頭の桁は符号を表す値なので、コンピュータはこれを負の数[10]と判断します。その結果、変数answerの値は「200」ではなく「-56」になります。

箱の種類と大きさも大事 ⟶

もうひとつ、図5-9は変数answerに「100×3」の答えを代入した様子です。「300」は2進数で表すと「100101100」となり、先頭の1桁が8桁の箱から溢れる——つまり、オーバーフローが発生します。その結果、変数answerの値は「300」ではなく「44」になります。

---

[9] 2進数の先頭1桁を符号ビットとして使用した場合の値の範囲です。符号ビットについては、第4章「**3.4　箱に入れられる数値の範囲**」の【豆知識】(85ページ)を参照してください。

[10] 図5-8の箱に入っている値は**2の補数**という、コンピュータが負の数を表すときに使う値です。2進数のすべての桁の0と1を反転して1を足すと、2の補数になります。

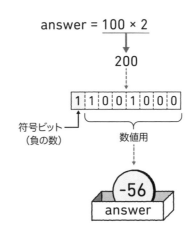

図5-8
1バイト整数型に200を
代入すると……

answer = 100 × 2

200

1 1 0 0 1 0 0 0

符号ビット
（負の数）

数値用

-56
answer

第5章

図5-9
1バイト整数型に300を
代入すると……

answer = 100 × 3

300

オーバーフロー　1 0 0 1 0 1 1 0 0

符号ビット
（正の数）

数値用

44
answer

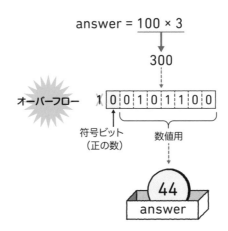

箱の種類と大きさを ➡
意識する！

　どちらもコンピュータが計算間違いをしたように見えますが、本当は、用意
された箱が小さすぎて正しい計算結果を入れられなかったことが原因です。
　この間違いを防ぐには、**答えがどのような値になるのかを予測して、
適切な大きさの変数を宣言すること**です。計算するのはコンピュータ
だからといって変数の宣言を適当にすると、正しい答えが得られなくなるので
注意しましょう。

2.5　コンピュータにもできない計算

　コンピュータは計算が大の得意です。プログラムに書かれている計算式がど
んなに複雑でも、一瞬で答えを出します。しかし、そんなコンピュータにも、
できない計算があります。無理な計算を押し付けてコンピュータを困らせない
ように、計算式を書く私たちが気をつけなければなりません。

■文字列を使った計算

「情報×コンピュータ＝快適な暮らし」——この本の第1章に出てきた見出しのひとつです。「情報とコンピュータを組み合わせたら、快適な暮らしが手に入れられる」というイメージを伝えるために掛け算で表しましたが、これで計算できるとは誰も思わないでしょう？　コンピュータも同じです。文字列を使った計算はできません。

> 文字列は
> 計算できない

「そんなの当たり前でしょ」と思っているかもしれませんが、実はプログラムを書いているときには、うっかり間違うことがあるのです。たとえば、第4章「**2.2　箱の中を掃除する——初期化**」で作った「足し算プログラム」(76ページ)も、そのひとつです。キー入力した2つの値を変数aと変数bに代入した後、

> キー入力した値を計
> 算に使うときは要注
> 意

$$answer ＝ a ＋ b$$

これで出来上がり！——とはいきません。実は、**キーボードから入力した値は、必ず文字列型になります**。そのため、上の命令を実行すると、コンピュータは「計算できないよ！」と動作を止めてしまうか、あるいは変数aと変数bの値をつないで「105」のような答えを出すかのどちらかになります(図5-10)。どちらにしろ、計算できないことに違いはありません。

> **図5-10**
> 文字列と文字列を足し算
> すると……

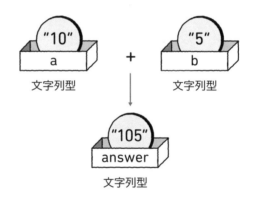

「だったら、足し算プログラムは作れないってこと？」と慌(あわ)てないでくださいね。プログラミング言語には文字列型の値を整数型または実数型に変換する命令がちゃんと用意されています。実際にプログラムを作るのは、まだ先の話ですが、

キーボードから入力した値は、計算に使う前に数値に変換する

ということを覚えておきましょう。

■答えが見つからない割り算

算数の世界でも、コンピュータの世界でも、

10÷0

のように、0で割り算することは認められていません。「そんな決まり、あった?」という人は、割り算を掛け算の式に書き換えてみましょう。

算数と同様プログラ ➡
ミングでも0で割る
のは御法度

たとえば「10÷5＝2」は「5×2＝10」のように書き換えることができますね。では、「10÷0」はどうでしょう。答えがわからないのでxと置いて式を立てた様子が、図5-11の右です。「0×x＝10」を満たすxは存在しないでしょう?つまり、0で割り算すると答えが見つからないのです。これはコンピュータを使ってもできない計算です。

図5-11

0で割り算すると……

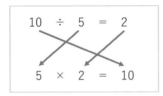
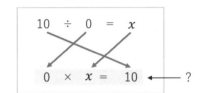

「よし、わかった。0で割り算しなければいいんだね」と気をつけていても、知らないうちに0で割り算してしまうことがあるのが、プログラムの怖いところです。たとえば、

割る数を変数にした ➡
ときは要注意

answer ＝ 10÷a

のように、割る数を変数にした場合です。この計算を行う前に、変数aの値を計算で求めたというときは、さらに注意しなければなりません。この章の「**1.2 変数に値を入れるときに注意すること**」(91ページ)でも説明したように、整数型の変数に実数を入れると小数点以下の値が失われます。もしも変数aが整数型で宣言されていたら、そこに0.5を代入したつもりでも、実際に代入される値は0です。ということは?──そうです。「answer＝10÷a」は「answer＝10÷0」と同じことになってしまうのです。

コンピュータの世界では、0で割り算することを**ゼロ除算**といいます。これは、とても見つけにくい間違いです。なぜなら、

answer ＝ 10÷a

は正しい計算式だからです。実際にプログラムを実行して、コンピュータが「計

算できないよ！」と動作を止めた段階でようやく気づく間違いです。厄介ですね。

でもコンピュータには → 防止策がある

しかし、ゼロ除算を防ぐことはできます。第6章で説明しますが、プログラムには「もしも〜ならば」という命令があります。これを使って、

もしも割る数が0ならば、割り算を行わない

というプログラムを作っておけば、コンピュータも、できない計算をせずにすみます。このときに「0では割り算できません」のようなメッセージを表示すれば、私たちにも何が起こったかわかりますね。できないことを押し付けてコンピュータを困らせるのも、それを未然に防ぐことができるのも、プログラムを書く私たちにしかできないことだということを覚えておきましょう。

③ コンピュータを使った計算の宿命

「0.1＋0.1＋0.1＋0.1……」のように0.1を1,000回足したら答えはいくつ？──私たちなら「0.1×1000で計算できるから、答えは100」と答えるところですが、コンピュータは違います。プログラムに書かれているとおりに0.1を1,000回足して、「99.999046」[11]という答えを出します。もちろん、コンピュータが壊れているわけでも、計算を間違えたわけでもありません。これはコンピュータで計算したからこそ起きる現象です。

計算結果には必ず → 誤差が含まれる

3.1 誤差が生じる理由

これまでに何度もいってきたように、コンピュータの中では、すべての値を0と1に置き換えて処理しています[12]。たとえば、10進数の「5」はコンピュータの内部では「101」、10進数の「123」は「01111011」という値になります。このように整数であればきちんとした2進数に置き換えられるのですが、実数はそうはいきません。たとえば「0.1」を2進数で表現すると「0.0001100110011001100……」と、どこまでも続く値になります。「0.2」や「0.3」も同様です。小数点以下の桁数をどんなに増やしても、きちんとした2進数に置き換えるこ

実数はきちんとした → 2進数に置き換えられない

---

[11] C言語というプログラミング言語で計算した結果です。なお、コンピュータが出す答えは、プログラミング言語の種類や、プログラムを実行する環境によっても変わります。

[12] 第2章「**1 コンピュータが情報を処理する方法**」(25ページ)を参照してください。

とはできないのです。

限りなく近い値で計算 ➡
すると……

　ところが、コンピュータが値を入れる箱は大きさが決まっています。そこに入るように桁を区切ると、ほんのわずかですが違いが生じることになります（図5-12）。つまり、コンピュータが出した「99.999046」という答えは「限りなく0.1に近い値」[*13]を1,000回足した結果です。

図5-12
「0.1」は本当の「0.1」じゃ
ない

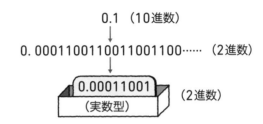

0.1　（10進数）

0.0001100110011001100……　（2進数）

0.00011001　（2進数）
（実数型）

塵も積もれば山となる ➡

　プログラムを作るときは、

実数を使った計算には、誤差が含まれている

ということを頭に入れておかなければなりません。**誤差**とは、正しい値との差のことです。この例でいえば、0.1を1,000回足したことで「0.000954」[*14]の誤差が生じたことになります。「ほんのちょっとだし、気にしなくてもいいんじゃない？」というのは、もっともな意見です。ただ、ほんのちょっとの誤差も、計算を繰り返しているうちに、やがて見過ごすことのできない大きな誤差になる可能性があることだけは、しっかり覚えておきましょう。

3.2　誤差を減らす工夫

　コンピュータで計算する以上、実数を含んだ計算で誤差が生じるのは仕方のないことです。しかし、誤差を減らす工夫はできます。

▌計算のしかたを工夫する

整数で計算すれば ➡
誤差は生じない

　誤差が生じる原因は、実数をきちんとした2進数に置き換えられないことです。それならば、実数を整数に変換してから計算するのはどうでしょう？　たとえば「0.1を1,000回足す」という計算は、

---

*13　これを**近似値**といいます。

*14　100 − 99.999046 = 0.000954です。

誤差の種類

図5-13のような記入欄が用意されているとき、あなたは「123.4567」という値をどのように記入しますか?

図5-13

小数点以下は1桁しか
記入できない

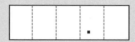

小数第2位で四捨五入をした場合は「123.5」、切り捨てした場合は「123.4」のような値を記入するでしょう?　このように四捨五入や切り捨て、切り上げを行うことで本当の値との間に生じる誤差を**丸め誤差**といいます。もう一度、図5-12を参照してください。大きさの決められた箱に2進数の値を入れるときに生じる誤差も、丸め誤差です。

また「1÷3の答えは?」と聞かれたときは「0.333」のような答え方をしませんか?　本当は0.3333333……と延々と続く値ですが、途中で止めてしまうでしょう?　このように途中で計算を止めることで生じる誤差を**打ち切り誤差**といいます。

このほかに、ごく近い値を使って引き算したときに生じる**桁落ち**や、大きな値と小さな値を足し算したときに生じる**情報落ち**といった誤差もあります。これらの誤差を理解するには**有効数字**や**有効数字の桁数**についての知識が必要になります。興味のある人は調べてみるとよいでしょう。

0.1に10を掛ける → 1
1を1,000回足す → 1000
1000を10で割る → 100

になります。これなら計算の途中に実数が含まれることがないので、誤差は生じません。

もちろん、計算式が複雑になってくるとこの方法は通用しないかもしれませんが、計算のしかたや問題の解き方[15]を工夫することで、誤差を小さくできるということは覚えておきましょう。

■大きな箱を用意する

実は、計算方法を工夫するよりも、もっと簡単に誤差を減らす方法があります。それは、**実数を入れる箱を大きなサイズにする**ことです。図5-14は、

---

[15] これを**アルゴリズム**といいます。アルゴリズムについては、第3章「6　ところで「アルゴリズム」って何?」(66ページ)を参照してください。

箱を大きくすれば ➡
誤差は小さくなる

2進数の小数点以下の桁数を増やすことで、10進数の数値がどう変化するかを表したものです。桁数が増えるにつれて、10進数の「0.1」に近づいていくでしょう？　大きな桁数を扱うには、大きな箱が必要です。

図5-14

小数点以下の桁数が増えるにつれて誤差が小さくなる

（10進数）	（2進数）
0.0625	0.0001100110011001100110011001……
0.09765625	0.0001100110011001100110011001……
0.09999084	0.0001100110011001100110011001……
0.09999996	0.0001100110011001100110011001……

「**2.4　コンピュータの計算間違い？**」（96ページ）では、整数型を例に箱の大きさと扱える数値の範囲について説明しましたが、実数型にも同じように大きな箱と小さな箱[16]があります。プログラミング言語の種類[17]にもよりますが、箱のサイズを選べる場合は、大きな箱を選ぶようにしましょう。

④ 2つの値を比較する —— 比較演算

「もしも信号が青ならば、道路を渡る」[18]、「もしも割る数が0ならば、割り算を行わない」[19]——このように、プログラムでは「もしも〜ならば」という命令をよく利用します。この命令に欠かせないのが、2つの値の比較です。これを**比較演算**といいます。プログラミング言語によっては**関係演算**という言葉を使う場合もあります。

4.1　値を比較する方法 —— 比較演算子

もしも「777」が出たら、ジュースをもう1本プレゼント！ ——自動販売機で見たことはありませんか？　当たったかどうかを判断するのは自動販売機

---

[16] 大きな箱を**倍精度浮動小数点数型**、小さな箱を**単精度浮動小数点数型**といいます。浮動小数点数については、第4章「**3.3　数値を入れる箱——整数型／実数型**」の【豆知識】（83ページ）を参照してください。

[17] Ｃ言語やJava、Swiftなどは、実数型の箱のサイズを選ぶことができます。

[18] 第3章「**3.4　ロボボのお使いプログラム**」（56ページ）を参照してください。

[19] この章の「**2.5　コンピュータにもできない計算**」（99ページ）を参照してください。

誤差はどこまで許せる？

　みなさんは、円の面積を求めるときに、円周率にどのような値を使いますか？ ご存じのように、円周率は3.141592653589……と、どこまでも続く値です。 計算に使うときはどこかで値を区切らなければならないのですが、問題は、どこで区切るかです。表5-3は、半径5cmの円の面積を、いろいろな円周率で求めた様子です。「3」と「3.1」では他の答えと大きな違いがありますが、その後は小数点以下の桁数を増やしても答えにあまり差はないようですね。

表5-3	円周率	円の面積
円周率と半径5cmの 円の面積	3	75
	3.1	77.5
	3.14	78.5
	3.141592	78.5398
	3.1415926535	78.5398163375

　誤差をどのように評価するかは、計算結果を何に使うかで変わります。「おおよその面積がわかればよい」というときと「面積に応じて税金が変わる」という場合とでは、誤差の捉え方が違うでしょう？　誤差に注意を払うのはもちろんですが、場面に応じて適切に判断できるようになることも大切です。

（――の中のコンピュータ）ですが、あなたも「ディスプレイに表示された数字」と「777」を見比べるでしょう？　そして「ディスプレイに表示された数字」と「777」が等しければ「当たり」、等しくなければ「ハズレ」と判断しますね。これが**比較演算**です。

　改めて説明すると、比較演算とは、**2つの値を比較して「正しい」か「正しくない」かを判断する**演算です。自動販売機の例では2つの値が「等しい」かどうかを比較しましたが、値を比較する方法には、

値を比較する方法 ⊖

　　　等しい
　　　等しくない
　　　より大きい
　　　より小さい（未満）
　　　以上
　　　以下

があります。コンピュータの世界では、これらを表5-4に示す記号を使って表

します。この記号を**比較演算子**[20]といいます。算数の時間に習った記号とよく似ていますが、「≠」や「≧」などはキーボードから入力できません。その代わりに「!」や「>」の後ろに「=」を続けて書いて、ひとつの演算子とします。また、代入演算子（=）と区別するために、「等しい」を表す演算子は「==」にするのが一般的です。なお、比較演算子は、プログラミング言語ごとに少しずつ違います。必ず説明書で確認してください。

記号を2つ続けて ➡
1つの演算とする

表5-4
値の比較に使う記号

比較演算子	意味
==	等しい
!=	等しくない
>	より大きい
<	より小さい（未満）
>=	以上
<=	以下

さて、算数で習ったのは、

$$a > 10$$

算数の記号と意味が ➡
違うので注意

と書いて「aは10より大きい」を表すことでした。しかし、これをプログラムに書いたときは、

変数aの値が10よりも大きいかどうか

という2つの値を比較する式になり、答えは「正しい」か「正しくない」のどちらかになります。たとえば、変数aの値が15であれば、15は10よりも大きいので、上の式の答えは「正しい」になります。また、変数aの値が5のときは、10よりも小さな値なので、答えは「正しくない」になります（図5-15）。

図5-15
aは10よりも大きい？

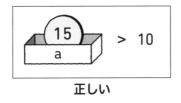
正しい

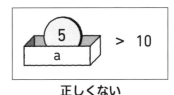
正しくない

---

[20] **関係演算子**という場合もあります。

その値を含むか → どうかに注意

では、変数aの値が10のときは、どういう答えになると思いますか?「より大きい」は「その値よりも大きい」という意味です。つまり、「10」は含まれません。そのため、変数aの値が10のとき、「a＞10」の答えは「正しくない」になります(図5-16の左)。

念のために「以上」も確認しておきましょう。「以上」は「その値を含んで、それよりも大きい」という意味です。つまり、変数aの値が10のとき、

$$a ≧ 10 \text{ *21}$$

の答えは「正しい」になります(図5-16の右)。「より小さい(未満)」と「以下」も同様です。2つの値を比較するときに、その値を含むかどうかは間違えやすいところなので、注意しましょう。

図5-16
「より大きい」と「以上」の
違い

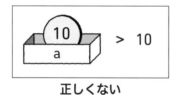

正しくない

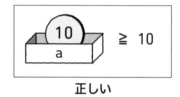

正しい

文字列の比較　　COLUMN

第2章「**1.2　文字の表し方**」(28ページ)で説明したように、コンピュータの内部では**文字コード**を使って文字を管理しています。つまり、

　moji ＞ "a"

は変数mojiに入っている文字と「a」の文字コードの大小を比較します。また、

　moji == "Hello"

であれば、変数mojiに入っている文字と「Hello」のすべての文字コードが等しいかどうかを比較します。

なお、文字列の扱い方はプログラミング言語ごとに異なります。中には文字列の比較用に特別な命令を用意している言語もあります。どのような比較演算子が利用できるのか、またどのような比較を行うのかは、それぞれの説明書で確認してください。

＊21　ここでは数学で用いる記号を使っていますが、実際のプログラムでは比較演算子の「>=」を使用します。

4.2　値を比較した結果

算術演算と同じように、比較演算も、

answer＝a＞10

のように書いて、答えを変数に代入することができます。このとき、答えを代入する変数は**論理型**[*22]でなければなりません。なぜなら、比較演算の結果は、必ず「正しい」か「正しくない」のどちらかになるからです。「どちらでもない」という答えは絶対にありません。

結果は必ず「正しい」か「正しくない」か ➡

コンピュータの世界では「正しい」を**True**、「正しくない」を**False**で表します。つまり、上の式で変数answerに代入される値はTrueまたはFalseのどちらかになります。この本でも、以降の説明にはTrueとFalseを使います。また、説明には**真**や**偽**のような言葉が使われることもあるので覚えておきましょう。

4.3　実数を比較するときに注意すること

0.1を1,000回足したら答えはいくつ？──私たちは「100」と答えるところですが、この章の「**3　コンピュータを使った計算の宿命**」（102ページ）で説明したように、コンピュータで実数を扱うと、そこには必ず誤差が含まれます。そのため、0.1を1,000回足した答えが変数aに入っているときに、

誤差が思わぬ結果を招く ➡

a==100

という比較演算を行うと、答えはFalseになります（図5-17）。

図5-17
0.1を1,000回足した答えは100と「等しくない」

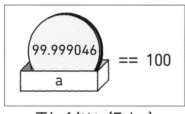

正しくない（False）

図5-17を見れば変数aと100が等しくないことは一目瞭然ですが、誤差を考えずに「答えは100になるはず」という思い込みで比較演算を行うと思わぬ

[*22]　第4章「**3.6　「はい」か「いいえ」を入れる箱──論理型**」（87ページ）を参照してください。

結果になるので、注意しましょう。でも……

実数の計算で生じる ➡
誤差をどう扱うかを
意識して

「誤差はほんのわずかだし、a==100の答えはTrueになってほしい」ということがあるかもしれません。そういう場合は、値を丸めてから比較するか、値の比較方法を見直しましょう。

▐ 値を丸める

四捨五入や切り捨て、切り上げをして大まかな値にすることを「値を丸める」といいます。たとえば「99.999046」を小数第3位で四捨五入すると「100」になります。この後に「a==100」を行えば、答えはTrueになります。

▐ 誤差が許せる範囲かどうかを比較する

不動産広告に「駅まで800m」って書いてあったのに、実際に測ってみたら803mだった。でも、誤差の範囲だし、まあいいか……。そういうこと、ありませんか？　実数で計算した答えにも、この考え方を取り入れましょう。

最初に「0.001までの誤差なら許容する」のように、どこまでの誤差なら許せるかを決めてください。0.1を1,000回足したときに生じる誤差は、0.000954（= 100–99.999046）です。この値が変数 gosa に入っているときに、

gosa ＜ 0.001

という比較[23]を行うと、答えはTrueです。つまり、誤差は許せる範囲だから「a==100」の答えもTrueとして扱うという方法です。

いまはまだ、この方法をどのようにプログラムで使うのか、よくわからないかもしれません。ただ、「値を丸める以外にも方法がある」ということだけは、頭の片隅に置いておきましょう。いつか必ず役に立ちます。

4.4 値の比較を使う場面

この章の「2.5　コンピュータにもできない計算」（99ページ）で、ゼロ除算を防ぐには、

もしも割る数が0ならば、割り算を行わない

「もし〜ならば」は ➡
2つの値を比較する
演算

のようにプログラムを作ればよいという話をしました。このときの「もしも〜ならば」に入るのが比較演算です。もう少し比較演算を強調すると、上の文は、

---

[23] 本当は「誤差の絶対値」と比較するのが正しい方法です。誤差が負の数のまま比較すると、どんなに大きな誤差でも「許す」ことになってしまいます。

もしも「割る数」と「0」が「等しい」ときは、割り算を行わない[*24]

になります。

　第6章で説明しますが、「もしも〜ならば」は、プログラムを作るときに欠かせない命令です。その証拠に、第3章で作った日本語の指示書にも、いくつか出てきます。たとえば「ロボボのお使いプログラム」[*25]には、「もしも信号が青ならば」という部分があります。これは、

「点灯している色」と「青」が「等しい」

ことを調べる演算です。その次の「もしも信号が黄色または赤ならば」は、青を基準にすると、

「点灯している色」と「青」が「等しくない」

ことを調べる演算です。いずれも2つの値を比較する演算ですね。

　もうひとつ、「秘密の暗号プログラム」[*26]に出てきた「もしも〜ならば」を見てみましょう。2行めに、

比較する値が3つに　➡　**もしも入力した文字が半角スペースまたはピリオド (.) ならば、**
なったら……

が出てくるのですが、ここまでの例と少し様子が違うような気がしませんか？

　ここには「入力した文字」「半角スペース」「ピリオド (.)」の3つの値が出てきます。比較演算では、この中の2つを選んで、

　(A)　「入力した文字」と「半角スペース」が「等しい」
　(B)　「入力した文字」と「ピリオド (.)」が「等しい」

を別々に調べることはできますが、両方をまとめた答えを出すことはできません。こういう場合には、演算をもうひとつ追加する必要があります。それが、この後に説明する「論理演算」です。

[*24] これが日本語の指示書に書かれていたら、かえってわかりにくいかもしれませんね。第4章「**2.3　箱に値を入れる――代入**」の後の【コラム】(78ページ) も参照してください。

[*25] 第3章「**3.4　ロボボのお使いプログラム**」(56ページ) を参照してください。

[*26] 第3章「**4.3　秘密の暗号プログラム**」(65ページ) を参照してください。

2つの値を比べる比較演算の答えは、必ずTrueかFalseのどちらかになります。そして、この答えを使った演算が**論理演算**です。日常生活ではあまり使わない言葉かもしれませんが、論理演算は日頃からよく使う、とても身近な演算です。

5.1 身近にある論理演算

近所で評判のラーメン屋さん、なんと11時から14時は餃子が半額になります！──みなさんの近所にもありませんか？　餃子が半額になるのは、

半額になる時間帯 ➡
(A)「現在時刻」が「11時」を過ぎている
(B)「現在時刻」が「14時」よりも前

の両方に該当するときです。たとえば、現在時刻が12時なら半額で食べられますが、10時や15時は定価になります。あなたなら何時に行きますか（図5-18）？

図5-18
色を塗った時間帯は餃子
が半額

このラーメン屋さんが評判になる理由は、もうひとつあります。なんと、アプリまたは会員カードの提示でラーメンがいつでも10%引きです！──すごいでしょう？　ラーメンが10%引きになるのは、

10%引きに必要なもの ➡
(A)「アプリ」を「持っている」
(B)「会員カード」を「持っている」

のどちらかに該当する人です。両方とも持っていないという人は、残念ながら定価を支払わなければなりません。

　みなさんも似たような経験をしたことはありませんか？　得する時間帯を考えてお店に行ったり、会員になったりもするでしょう？　このとき、あなたはちゃんと論理演算をしているのです。

5.2　論理演算とは？

　改めて説明すると、**論理演算は、比較演算の結果を使った演算**です。「ラーメン屋さんのどこで比較演算をしたの？」と思うかもしれませんが、前項に示した (A) と (B) は、いずれも2つの値を比較する演算です。

半額になるのは両方 ⊖
の条件が正しいとき

> **(A)　現在時刻が11時以上**
> **(B)　現在時刻が14時未満**

　こう書いたほうがわかりやすいでしょうか。餃子を半額で食べられるのは、この2つの演算結果が両方ともTrueのときです。どちらか一方でもFalseのときは、定価になります。このような演算を**論理積**といいます。
　一方、ラーメンが10%引きになるのは、

10%引きになるのは ⊖
どちらか片方でも正
しいとき

> **(A)「アプリ」を「持っている」**
> **(B)「会員カード」を「持っている」**

のどちらかの演算結果がTrueのときです。もちろん、両方がTrueのときも10%引きです。このような演算を**論理和**といいます。

　「TrueとかFalseとか、考えないほうがわかりやすい！」といいたくなる気持ちはわかりますが、論理積と論理和は、プログラムを作るうえでは欠かせない演算です。このほかに**論理否定**と**排他的論理和**という演算もあります。これらの演算を行う記号を**論理演算子**といいますが、どのような記号を使うかはプログラミング言語によって大きく異なります。それぞれの説明書で確認してください。

5.3 論理積 ── AとBの両方に該当する

実用例① → ジェットコースターに乗れるのは、10歳以上で身長が135cm以上の人です ── 遊園地のアトラクションには、このような利用規定が書かれている場合があります。これに従うと、このジェットコースターに乗れるのは、

(A) 年齢が10歳以上
(B) 身長が135cm以上

の両方に該当する人です。どちらか片方だけが該当する場合、たとえば身長が140cmでも9歳の子は乗れません（表5-5）。

表5-5
ジェットコースターに乗れるかどうか

プロフィール	10歳以上	135cm以上	判定
10歳で身長が140cm	○	○	乗れる
10歳で身長が130cm	○	×	乗れない
9歳で身長が140cm	×	○	乗れない
9歳で身長が130cm	×	×	乗れない

論理積は両方とも正しいときだけTrueになる演算 → このように(A)と(B)の両方に該当するかどうかを判断する演算を**論理積**といいます。「AとB」を英語にすると「A and B」になることから**AND演算**のように呼ぶこともあります。

論理演算を行った結果は、必ずTrueかFalseになります。表5-6は、論理積の演算結果を表したものです。この表を**真理値表**といいます。TrueとFalse、○と×の違いはありますが、表5-5の判定と表5-6の結果は同じですね。

表5-6
論理積の真理値表

A	B	結果
True	True	True
True	False	False
False	True	False
False	False	False

実用例② → もうひとつ、論理積が使われている例を紹介しましょう。夜間に歩行者が近づくと自動点灯するライトを見たことはありませんか？ これは、

(A) 外が暗い
(B) 歩行者がいる

の2つで論理積を行った結果です。表5-7の○をTrue、×をFalseに置き換えると、ライトの点灯／消灯は表5-6と同じ結果でしょう？

　参考までに、「外が暗い」を判断するのは、ライトの中の照度センサの仕事です。このセンサは、あらかじめ決めておいた明るさよりも暗くなったときにTrueになります。同じように、「歩行者がいる」ことは人感センサが検知します。ライトが点灯するかどうかは、この2つのセンサの値で論理積をした結果で決まります。

表5-7
論理積でライトを制御する

外が暗い	歩行者がいる	ライト
○	○	点灯
○	×	消灯
×	○	消灯
×	×	消灯

実用例③ ➡

　また、論理積は「テストの点数が40～80点の範囲内かどうか」のように、連続する値の範囲を調べるときにも使います。これは、表現を変えると、

（A）テストの点数が40点以上
（B）テストの点数が80点以下

になりますね。指定した範囲内にあるかどうかを調べるには、真理値表を見るよりも、図5-19のような数直線を描いたほうが簡単です。論理積の結果がTrueになるのは、2つの交わる部分です。

図5-19
数直線を使って範囲内かどうかを調べる

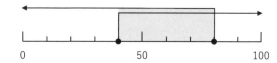

5.4　論理和 ── AまたはBのどちらかに該当する

論理和はどれかひとつでも正しければTrueになる演算 ➡

　論理和は、AとBのどちらか一方がTrueであれば、演算結果がTrueになる演算です（次ページの表5-8）。「どちらか一方」を表すときに、日本語では「または」（英語では「or」）という表現をよく使用するため、論理和を**OR演算**と呼ぶこともあります。

表5-8
論理和の真理値表

A	B	結果
True	True	True
True	False	True
False	True	True
False	False	False

実用例① ➡ 改めて「秘密の暗号プログラム」[27]に出てきた

もしも入力した文字が半角スペースまたはピリオド (.) ならば、

を見てみましょう。この章の「**4.4　値の比較を使う場面**」(110ページ) では、

(A) 入力した文字が半角スペースと等しい
(B) 入力した文字がピリオド (.) と等しい

の2つを別々に調べた後で「または」の判断ができませんでしたが、いまなら論理和を使って調べられますね。入力した文字が (A) か (B) のどちらかに該当すれば演算結果は True、それ以外の文字——たとえば「a」や「1」などを入力したときは False になります (表5-9)。

表5-9
入力した文字が半角スペースまたはピリオド (.) かどうか[28]

入力した文字	半角スペース	ピリオド (.)	結果
半角スペース	○	×	True
ピリオド (.)	×	○	True
a	×	×	False
1	×	×	False

実用例② ➡ もうひとつ、第1章「**2.3　苦手なことはロボットにおまかせ**」(19ページ) に登場した掃除用ロボットを思い出してください。掃除用ロボットは障害物や階段の手前に来ると、向きを変えて走行します。これは、距離を測るための赤外線センサを使って、

(A) 前方に障害物がある
(B) 下に床がない

---

[27] 第3章「**4.3　秘密の暗号プログラム**」(65ページ) を参照してください。

[28] 「入力した文字」は1文字を前提としているため、「半角スペース」と「ピリオド (.)」の両方が○になることはありません。

の2つを検知して論理和を行った結果です。表5-10の○をTrue、×をFalse
に置き換えると、掃除用ロボットの動作は表5-8の結果と同じになるでしょ
う？　障害物が「ある」、床が「ない」という日本語に惑わされそうになりますが、
コンピュータが判定を間違うことはありません。

表5-10	前方に障害物がある	下に床がない	動作
論理和で掃除用ロボット を制御する	○	○	向きを変える
	○	×	向きを変える
	×	○	向きを変える
	×	×	前に進む

豆知識　TrueとFalseが3つ以上あるとき

　ここまでは比較演算の結果が2つの場合の論理
積と論理和を見てきましたが、3つ以上になっても
論理演算の結果は変わりません。論理積の結果が
Trueになるのは、比較演算の結果がすべてTrueの
ときだけです。どれか1つでもFalseのとき、論理
積の結果はFalseになります（表5-11）。

表5-11　論理積

A	B	C	結果
True	True	True	True
True	True	False	False
True	False	True	False
True	False	False	False
False	True	True	False
False	True	False	False
False	False	True	False
False	False	False	False

　一方、論理和は、どれか1つでもTrueであれば
演算結果はTrueになります。演算結果がFalseに
なるのは、比較演算のすべての結果がFalseのと
きだけです（表5-12）。第3章で作った「秘密の暗
号プログラム」では、半角スペースとピリオド(.)
の2つを暗号用の文字の変換対象から除外しまし
たが、これで疑問符(?)や感嘆符(!)、カンマ(,)
も除外できそうですね。

表5-12　論理和

A	B	C	結果
True	True	True	True
True	True	False	True
True	False	True	True
True	False	False	True
False	True	True	True
False	True	False	True
False	False	True	True
False	False	False	False

5.5　論理否定と排他的論理和

　　論理否定と**排他的論理和**は、論理積や論理和ほど使う場面はありません。ここでは、それぞれの演算のイメージを確認しておきましょう。

■論理否定

反対の結果を ➡
返す演算

　　表5-13は、論理否定の真理値表です。論理積と論理和は2つ以上のTrueとFalseを使った演算ですが、論理否定は1つのTrueとFalseを反転する演算です。

表5-13
論理否定の真理値表

A	結果
True	False
False	True

実用例 ➡

　　論理否定は、スマートフォンのサイドボタンをイメージしましょう。サイドボタンを一度押すと、スリープ状態が解除されますね。この状態でもう一度ボタンを押すと、スリープ状態になるでしょう？　スリープ状態をFalse、スリープが解除されて使える状態をTrueと考えると、ボタンを押すたびにTrueとFalseが反転して、表5-13と同じ結果になります。

■排他的論理和

2つの結果が異なる ➡
ときにTrueになる演
算

　　排他的論理和は、AとBの2つの値が異なるときにTrue、同じときはFalseになる演算です（表5-14）。

表5-14
排他的論理和の
真理値表

A	B	結果
True	True	False
True	False	True
False	True	True
False	False	False

実用例 ➡

　　排他的論理和は、階段の照明をイメージするとよいでしょう。Aが1階のスイッチ、Bが2階のスイッチ、演算結果は照明の状態です（120ページの表5-15）。なお、表5-15では、ボタンが押されている状態を○、押されていない状態を×で表しています。

📖豆知識 論理演算とインターネット検索

インターネットで検索するときに、思うように目的の結果を見つけられなかったということはありませんか？　そういう場合は、論理演算の考え方を取り入れると、うまくいくかもしれません。たとえば、

- (A) 青い空と白い雲
- (B) 青とうがらし味噌の作り方
- (C) 白磁のティーポット
- (D) ロボボとしろくまくん
- (E) 白砂青松の美しい海岸線

の5つの文を「青」と「白」の2つのキーワードで検索するとき、論理演算[29]のどれを使うかで、検索結果は図5-20[30]のように変わります。

論理積	:「青」と「白」すべてのキーワードを含む
論理和	:「青」または「白」いずれかのキーワードを含む
論理否定	:「青」を含まない
排他的論理和	:「青」だけ、または「白」だけを含む

図5-20　色を塗った部分が検索される

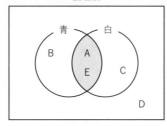

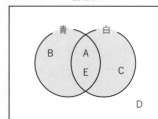

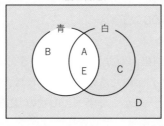

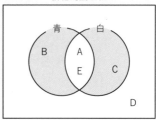

[29] 排他的論理和以外の3つは、検索オプションで指定できます。

[30] この図を**ベン図**といいます。

| 表5-15 | | | | 階段のスイッチと照明の関係 |

スイッチの状態	1階	2階	照明	状況
最初の状態	×	×	消灯	
1階のスイッチを押す	○	×	点灯	1階で照明をつけて階段を上る
2階のスイッチを押す	○	○	消灯	2階で照明を消す
2階のスイッチを押す	○	×	点灯	2階で照明をつけて階段を下りる
1階のスイッチを押す	×	×	消灯	1階で照明を消す
2階のスイッチを押す	×	○	点灯	2階にいる人が照明をつけた
1階のスイッチを押す	○	○	消灯	1階にいる人が照明を消した

6 演算子の優先順位

　この章では、コンピュータが行う3つの演算 ——算術演算、比較演算、論理演算—— を説明しました。これらの演算は、組み合わせて使うこともできます。たとえば、

　　a＋b＞0

は算術演算と比較演算の組み合わせで、「a＋bの答えが0よりも大きいかどうか」を調べる演算です。この演算の答えは、TrueかFalseになります。また、論理積を行う演算子を「and」とすると、

　　(a＋b＞0) and (a＋b≦100)

のような論理演算を行うこともできます。これは、

　　(A)　a＋bの答えが0よりも大きい
　　(B)　a＋bの答えが100以下

演算の順番には決ま ⟶
りがあるから組み合
わせることも可能

という2つの比較演算の結果が両方ともTrueのときに、答えがTrueになります。
　どうしてこのような答えが出せるのか？　それは、コンピュータが**演算を行う順番は決まっている**からです。この章の「**2.3　計算の順番**」(94ページ)でも説明しましたが、順番が決められていなかったら同じ答えが得られないでしょう？

演算子を処理する順番は、表5-16[31]を参照してください。これを**演算子の優先順位**といいます。

表5-16 演算子の優先順位

優先度	演算子	意味
高	+, −	符号
	*, /	掛け算、割り算
	+, −	足し算、引き算
	<, <=, >, >=, ==, !=	より小さい（未満）、以下、より大きい、以上、等しい、等しくない
	and, or	論理積、論理和
低	=	代入

いちばん上は、数値の前に付けて正の数か負の数かを表す符号[32]です。また、前節では論理演算子の具体的な記号は示しませんでしたが、表5-16では、論理積をand、論理和をor[33]で示しています。

もちろん、式の中に( )がある場合は、( )の中を先に処理します。——最後に、次の演算を解いてみてください[34]。あなたは、このジェットコースターに乗れそうですか？

（（年齢≧10）and（年齢＜70））and（（身長≧140）and（身長≦195））

---

[31] 表5-16に示したものは演算子のごく一部です。その他の演算子については、プログラミング言語の説明書を確認してください。

[32] 演算に1つの数値を使うことから**単項演算子**といいます。

[33] 「&」や「|」を使うプログラミング言語もあります。

[34] 答えがTrueになるのは「年齢が10〜69歳」「身長が140〜195cm」の両方に該当する人です。どちらか一方でも該当しない場合、答えはFalseになります。

第**6**章 命令を実行する順番

コンピュータは、プログラムに書かれている命令を、上から順番にひとつずつ実行します。命令を読み飛ばすということもありません。「さすがコンピュータ、頼りになるね！」といいたいところですが、ちょっと待ってください。普段は何もしなくていいけれど「もしも」のときには警報音を鳴らしてほしい――こういう場合には、「もしも」のとき以外は、警報音を鳴らす命令を読み飛ばさなければならないでしょう？　そんなときのために、プログラムには、命令の実行順序を変えるしくみが用意されています。

1 プログラムの流れは3通り――制御構造

命令を順番に並べる
だけでは不都合なこと
がある

　何度もいっているように、プログラムには、コンピュータにしてほしいことを正しい順序で記述する[*1]のが基本です。しかし、それでは不便なこともあります。たとえば、二足歩行のロボットを歩かせるとき。基本に忠実に従うと、次のように同じ命令を何度も記述しなければなりません。

　　　右足を50cm前に出す
　　　左足を50cm前に出す
　　　右足を50cm前に出す
　　　左足を50cm前に出す
　　　右足を50cm前に出す
　　　左足を50cm前に出す
　　　右足を50cm前に出す
　　　左足を50cm前に出す
　　　右足を50cm前に出す
　　　左足を50cm前に出す
　　　　　　　⋮

[*1]　第3章「1.1　コンピュータの性格（その1）――いわれたことしかできない」（48ページ）を参照してください。

片足を1歩と数えると、これだけ書いてもたった10歩、移動距離は5mです。なんだか効率が悪いと思いませんか？　この方法で50歩、100歩と歩かせるなんて、絶対に無理でしょう？　それよりも、

右足を50cm前に出す
左足を50cm前に出す

の2つを繰り返すように命令できれば便利だと思いませんか？

もうひとつ、今度は「もしも777が出たらジュースをもう1本プレゼント、それ以外のときはハズレを表示」という自動販売機の動作を考えてみましょう。この場合、コンピュータが無作為に作った数字が777のときは「当たり」を表示して商品ボタンを押せるようにしなければなりません。一方、777以外のときは「ハズレ」を表示するだけです。どちらになるかはコンピュータが作った数字で決まるため、プログラムには両方の命令を書いておく必要がありますが、どちらか片方だけを実行するには、命令を読み飛ばす工夫が必要です。

これらは決して特別な例ではありません。むしろ、命令を上から順に実行するだけで終わる仕事のほうが珍しいのです。となると、命令の実行順序を変えるしくみが必要ですね。

命令の実行順を ➡️
決める3つの構造

プログラムに書かれた命令をコンピュータがどの順番に実行するか、それを決めるしくみを**制御構造**[2]といいます。これには次の3つがあります。

順次構造　　：上から順番に実行する
条件判断構造：条件を判断して、異なる命令を実行する
繰り返し構造：同じ命令を繰り返して実行する

どんなに複雑なプログラムでも、この3つの構造の組み合わせでできています（次ページの図6-1）。

---

*2　**基本構造**や**制御フロー**のように呼ぶこともあります。

図6-1

プログラムは制御構造の
組み合わせでできている

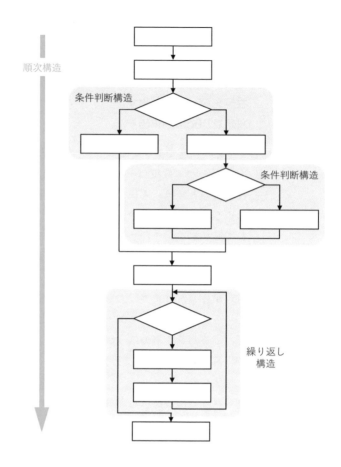

順次構造

最も基本となる構造です。プログラムに書かれた順番どおりに命令を実行します（図6-2）。

図6-2

上から順に実行する

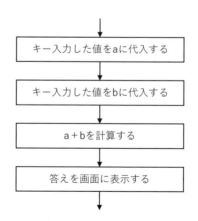

▍条件判断構造

　「もしも777が出たらジュースをもう1本プレゼント、それ以外のときはハズレを表示」のように、ある条件を判断した結果で異なる命令を実行する構造です（図6-3）。プログラムには「当たり」と「ハズレ」の両方の動作を記述しますが、条件を判断した結果でどちらか一方の処理が行われるため、これを**選択構造**と呼ぶこともあります。

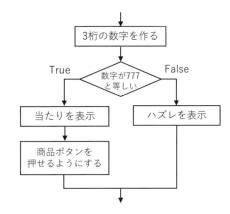

図6-3

条件を判断した結果で次に進む道が決まる

▍繰り返し構造

　同じ命令を繰り返して実行する構造[*3]です（図6-4）。「100回繰り返す」のように繰り返す回数を指定するほかに、「移動距離が100mに到達するまで」のように指定した条件が成立するまで繰り返すこともできます。

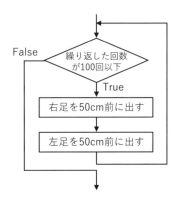

図6-4

同じ命令を100回繰り返す

＊3　**反復構造**と呼ぶこともあります。

日常の条件判断 ➡ 　もしも明日、雨が降らなかったらテニスに行く。雨が降ったら家でゆっくり過ごす ——いまの時点で明日の天気はわからないけれど、起こりそうなこと（この場合は「雨が降る」）を予測して、異なる予定を立てる。みなさんも普段からやっていることでしょう？　そして、次の日カーテンを開けて「よし、テニスに行くぞ！」と気合いを入れるのか、それとも「もう一回寝よう」とベッドに戻るのか、どちらの行動をとるかは天気次第です。プログラムの世界では、これを**条件判断構造**といいます。

2.1　条件とは？

　条件判断構造の「条件」とは、「テニスに行く」と「家でゆっくり過ごす」のどちらを行うか、その判断の根拠となるものです ——と、言葉で定義すると難しくなってしまうのですが、要するに「**もしも〜ならば**」に入るものが条件です。この説明、どこかで読んだ記憶はありませんか？[*4]

答えがTrueかFalse ➡ になる演算 　第5章では、2つの値を比較する方法（**比較演算**）と、その結果を使った演算（**論理演算**）を説明しました。実は、これらは「もしも〜ならば」と組み合わせて使う演算です。たとえば「もしも明日、雨が降らなかったら」の条件[*5]は、

　　　　明日の「天気」が「雨」と「等しくない」

と書くと、比較演算になっているでしょう？

　比較演算も論理演算も、答えは必ずTrue（真）かFalse（偽）のどちらかになります。これを利用すれば、どちらの道を進むかは自ずと決まります（図6-5）。

図6-5

もしも明日、雨が降らなかったら

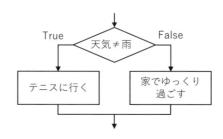

[*4]　第5章「**4.4　値の比較を使う場面**」（110ページ）を参照してください。

[*5]　TrueかFalseの答えを返すことから、これを**条件式**と呼ぶこともあります。

2.2 もしも～ならば

　留守中に部屋をきれいにしてくれる掃除用ロボット[*6]。基本は前進ですが、障害物を検知したら向きを変えなければなりません。この動作を表したものが図6-6です。

図6-6
掃除用ロボットの動作

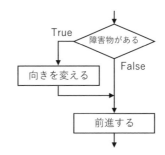

　最初に障害物があるかどうかを調べて、その結果がTrue──つまり、障害物があるときは「向きを変える」、「前進する」の順番に処理を行います。障害物がないときは「前進する」だけです。「向きを変える」必要はありません。障害物がないのに向きを変えていたら、その場でくるくる回ってしまうでしょう？
　指示書にすると、次のようになります[*7]。

1. もしも障害物を検知したら、
2. 　　向きを変える
3. 前進する

字下げがポイント！⮕　2行めが字下げされている点に注目してください。これは「障害物を検知した」ときだけ実行する処理です。このように**字下げ**[*8]しておくと、その部分が「もしも」の構造の一部であることが視覚的にわかりやすくなります[*9]。

　「もしも～ならば」は、指定した条件に該当する場合だけ何らかの処理を行

[*6]　掃除用ロボットのしくみは、第1章「**2.3　苦手なことはロボットにおまかせ**」（19ページ）を参照してください。

[*7]　本当は「部屋全体を掃除し終わるまで」、この動作を繰り返す必要があります。その方法は、この後の「**3.3　回数を決めずに繰り返す**」（142ページ）で説明します。

[*8]　**インデント**ともいいます。実際にプログラムを書くときも、字下げすると読みやすいプログラムになります。また、インデントすることが決まりになっているプログラミング言語（Pythonなど）もあります。

[*9]　第3章で作成した日本語の指示書も、条件判断構造や繰り返し構造で字下げしています。

うときに使う構文です。近所で評判のラーメン屋さん[*10]が餃子やラーメンを値引くのか、それとも定価にするのかも、この構文を使えば請求を間違うことはありません。ラーメン屋さんの会計のしくみを指示書にすると、次のようになります[*11]。

1	餃子の定価は300円、ラーメンの定価は800円とする
2	もしも来店時刻が11時から14時までの間なら、
3	餃子を半額にする
4	もしもアプリまたは会員カードを提示したら、
5	ラーメンを10%引きにする
6	代金を計算する

たとえば、18時に来店した人がアプリを提示して餃子とラーメンを注文したときは、図6-7の太線の順番に処理が行われます。

図6-7

お会計は〇〇円です

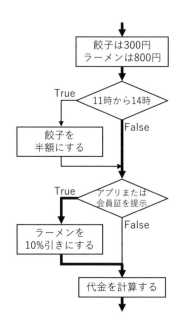

＊10　第5章「**5.1　身近にある論理演算**」（112ページ）を参照してください。
＊11　この指示書は、一人のお客さんがラーメンと餃子の両方を注文したことを前提にしています。

2.3 もしも〜ならば……、それ以外なら

もしもテストの点数が80点以上のときは合格の連絡を、それ以外のときは追試の連絡をする——この処理を表したものが図6-8です。

図6-8
あなたは合格?
それとも追試?

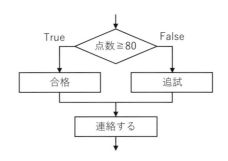

判断結果で別の処理 ⟶ を行う

図6-6や図6-7との違いは、条件を判断した後、TrueとFalseの両方の動作が用意されている点です。80点以上のときは「合格」通知を準備して「連絡する」、80点未満のときは「追試」のお知らせを準備して「連絡する」のように、必ずどちらか一方の処理が行われます。これを指示書にすると、次のようになります。

1　もしも点数が80点以上ならば、
2　　　合格通知を準備する
3　それ以外ならば、
4　　　追試のお知らせを準備する
5　連絡する

「ロボボのお使いプログラム」——条件判断構造　　COLUMN

以下の指示書は、第3章で作った「ロボボのお使いプログラム」[*12] からの抜粋です。ロボボが信号を確認して道路を渡る動作ですが、どこか気になるところはありませんか?

10　信号を確認する
11　もしも信号が青ならば、
12　　　道路を渡る
13　もしも信号が黄色または赤ならば、
14　　　信号が青になるまで待つ

---

*12　第3章「**3.4　ロボボのお使いプログラム**」(56ページ) を参照してください。

15　　　道路を渡る
16　西を向く
　　　　：

　第3章では日本語の指示書をはじめて作るということもあり、できるだけ詳しく、ほかには解釈のしようがないほど正確に書く[13]ことを優先して「もしも信号が青ならば」と「もしも信号が黄色または赤ならば」のように書きましたが、ここは「もしも〜ならば、それ以外なら」に書き換えることができますね。この動作を表したものが図6-9[14]です。

　矢印をたどってみましょう。信号が青のときは「道路を渡る」「西を向く」の順で処理を行います。青以外のときは「青になるまで待つ」「道路を渡る」「西を向く」の順です。動作に間違いはないのですが、分かれた道の両方に「道路を渡る」がありますね。つまり、「道路を渡る」は信号の色にかかわらず行う動作です。こういう場合は「もしも」の構造の外に出しましょう。すると、図6-9は図6-10のようになります。

　「もしも」の条件が変わっている点に注意してください。「青になるまで待つ」のは、信号が「青でないとき」だけです。図6-10をもとに指示書を修正すると、次のようになります。

10　信号を確認する
11　もしも信号が青でなければ、
12　　　信号が青になるまで待つ
13　道路を渡る
14　西を向く
　　　　：

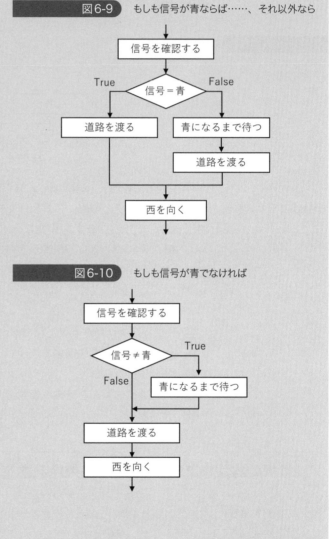

図6-9　もしも信号が青ならば……、それ以外なら

図6-10　もしも信号が青でなければ

もとの指示書よりも、すっきりしましたね。「ロボボのお使いプログラム」には、左右を確認して道路を渡る場面もあります。これも同じように改良してみましょう。

---

*13　第3章「1　コンピュータへの命令のしかた」（48ページ）を参照してください。
*14　図中の「＝」は「等しい」という意味で使っています。

「もしも」がたくさんあるとき

条件判断が続くとき ➡

　もしもテストの点数が80〜100点以上ならばA、60〜79点ならばB、40〜59点ならばC、0〜39点ならば追試——テストの点数に応じて成績を判定するときには、図6-11のように分かれ道がたくさんあります。なお、ひし形から出ていく矢印をどこに書くか、その矢印にTrueとFalseをどう割り当てるかで、図の形は変わります。図6-11ではTrueの道を下向き、Falseの道を右向きにしました。こうすることで、条件判断が続いていることがわかりやすくなります。

図6-11

テストの点数で成績を
判定する

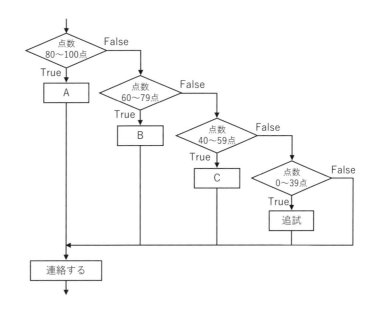

上の条件から順番に ➡
判断する

　それでは、矢印をたどってみましょう。たとえば、テストで55点を取ったとき、最初の条件判断は「80〜100点かどうか」です。Falseの道を進むと、次は「60〜79点かどうか」です。ここもFalseの道を進むと「40〜59点かどうか」になり、ここではじめてTrueの道を進むと「C」「連絡する」の順番で処理が行われます。

　指示書にすると、次のようになります。この場合は、2つめ以降の「もしも」を省略すると、条件判断が続いていることがわかりやすくなります。

1　　もしもテストの点数が80〜100点ならば、
2　　　　成績をAにする
3　　テストの点数が60〜79点ならば、

4　　成績をBにする
5　テストの点数が40～59点ならば、
6　　成績をCにする
7　テストの点数が0～49点ならば、
8　　追試にする
9　連絡する

2.5 「もしも」の処理を作るときに注意すること

「もしもテストの点数が80点以上ならば合格、それ以外なら追試の連絡をする」のように二者択一の条件判断構造＊15であれば、必ずどちらかの処理が行われます。たとえば「–90」のようにテストの点数としてあり得ない値が入力された場合でも、追試の連絡を行います。「判定結果がおかしい」という苦情はあるかもしれませんが、それほど大きな問題ではありません。

どの条件にも当てはまらない場合はどうなる?

問題になるのは「もしもテストの点数が80～100点以上ならばA、60～79点ならばB、40～59点ならばC、0～39点ならば追試」のような場合です。もう一度、図6-11を見てください。100点満点のテストですから、本来ならばこれで問題はないはずです。しかし、点数を間違えて入力した場合はどうなるでしょう？　たとえば「–90」を入力したときは、上から順にFalseの道をたどっていって、最後の「0～39点ならば」もFalseの道を進むと、成績を判定しないまま「連絡する」にたどり着きます。ここでコンピュータは「何を連絡すればいいの？」と悩んで、止まってしまうのです。いわゆる、**システムダウン**の状態です。このような事態は絶対に起こしてはいけません。

万が一の事態に備えることが大切

この事態を避けるためにも、複数の処理に分かれるような条件判断構造を作るときは、

指定したすべての条件に当てはまらないときの処理を用意する

ことが大切です。「100点満点のテストだから、入力されるのは0～100」という思い込みでプログラムを作ってしまうと、それ以外の値に対応できません。**想定外のことが起こったとき、それが重大な事故に発展する可能性がある**ことを、しっかり覚えておきましょう。

この注意点を踏まえると、成績を判定する条件判断構造は図6-12のようになります。すべての条件に当てはまらないときは「値がおかしい」というメッ

＊15 「**2.3　もしも～ならば……、それ以外なら**」の図6-8（129ページ）を参照してください。

セージを表示して、そこでプログラムを終了するようにしました。「プログラムを途中で止めてもいいの？」と思うかもしれませんが、システムダウンを起こしてしまうとコンピュータは、いっさいの命令を受け付けなくなってしまいます。それを避けるためには、たとえ処理の途中でもプログラムを正しく終了することが大切です。

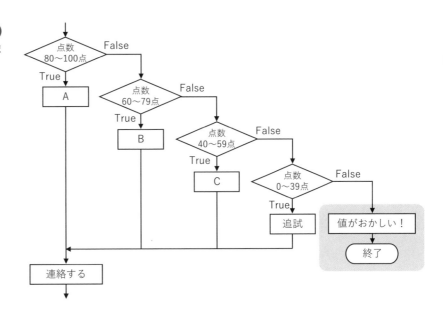

図6-12
すべての条件に当てはまらないときの処理を追加

実際のプログラムでは 例外条件も考慮すべき

実際のプログラムでは、キー入力した値だけでなく、コンピュータが計算した結果を使って条件を判断することもあります。その場合も「値がおかしい」というメッセージは有効です。なぜなら、条件判断構造に想定外の値が入ってきた原因は、そこまでのプログラムのどこかに間違いがあるからです。それをプログラマーに知らせるためにも、すべての条件に当てはまらないときの処理は用意するようにしましょう。

2.6 条件判断構造のネスト

分かれた道の先に別 の分かれ道を作る

ジェットコースターに乗れるのは10歳以上で身長が135cm以上の人——これを図で表したものが次ページの図6-13です。年齢を調べる「もしも」の中に、身長を調べる「もしも」が入っていますね。このように、制御構造は組み合わせて使うこともできます。これを**ネスト**[16]や**入れ子**のようにいいます。

＊16 ネスト (*nest*) は「巣」という意味です。

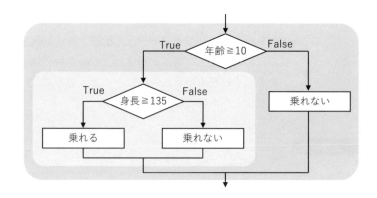

図6-13
条件判断構造のネスト

身長を調べる「もしも」が行われるのは、年齢を調べる「もしも」の結果が
Trueのときだけです。Falseのときは、その時点で「乗れない」という判断に
なります。

字下げがポイント！ ➡️　図6-13を指示書にすると、次のようになります。3行めと5行めの開始位
置がさらに字下げされている点に注目してください。こうすることで、条件判
断の中に別の条件判断が含まれていることが視覚的にわかりやすくなります。

1	もしも年齢が10歳以上であれば、
2	もしも身長が135cm以上であれば、
3	乗れる
4	それ以外なら、
5	乗れない
6	それ以外なら、
7	乗れない

条件判断　　条件判断

条件判断構造のネストと論理演算　　COLUMN

　ジェットコースターに乗れるのは10歳以上で身長が135cm以上の人 —— これは、第5章「**5.3　論理
積 —— AとBの両方に該当する**」（114ページ）で説明した論理演算です。「もしも」の条件には論理演算
を入れることもできるので、論理積を「and」で表すと、

　もしも年齢が10歳以上　and　身長が135cm以上ならば、
　　乗れる
　それ以外なら、
　　乗れない

のようにすることもできます（図6-14）。

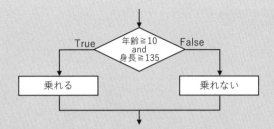

図6-14
「もしも」の条件に論理積
を使う

「もしも」の条件に論理演算を使うか、それとも条件判断のネストを使うか、どちらが正しくてどちらが間違いということはありません。処理の内容に応じて、わかりやすい構造を利用してください。たとえば、

ジェットコースターに乗れるのは10〜69歳で、身長が140〜195cmの人[17]

のように複数の条件が絡んでいるときに条件判断のネストを使うと、図6-15になります。

図6-15　「もしも」の条件に比較演算を使ってネストする

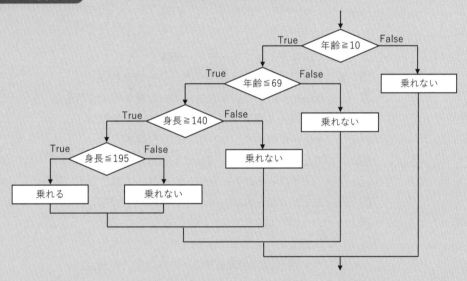

また、次ページの図6-16では「年齢が10〜69歳」のように同じ値の範囲を調べるときは論理演算を、「年齢」と「身長」のように比較する値が異なるときは条件判断構造のネストを使用しました。どちらがわかりやすいかは、みなさんの判断におまかせしますが、すっきりとした図のほうがプログラムの見通しも良くなるということは、頭の片隅に置いておきましょう。

※17　第5章「**6　演算子の優先順位**」(120ページ) で説明した演算の組み合わせです。

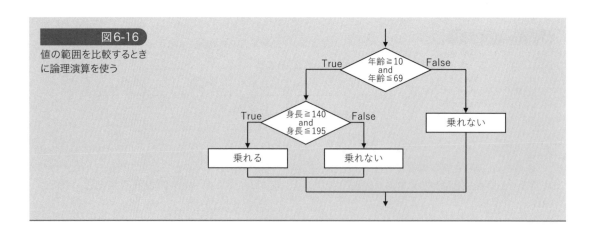

図6-16

値の範囲を比較するとき
に論理演算を使う

2.7 分かれ道を作る「きっかけ」を用意する

　以下の指示書は、第3章で作った「ロボボのお使いプログラム」[*18]からの抜粋です。53〜57は「会計をする」という形でまとめました[*19]。

わかりにくい ➔
プログラム

43　8ロールのトイレットペーパーを探す
44　もしも8ロールのトイレットペーパーがあれば、
45　　　8ロールのトイレットペーパーを棚から1つ取る
46　もしも8ロールのトイレットペーパーがなければ、
47　　　4ロールのトイレットペーパーを探す
48　　　もしも4ロールのトイレットペーパーがあれば、
49　　　　　4ロールのトイレットペーパーを棚から1つ取る
50　　　もしも4ロールのトイレットペーパーがなければ、
51　　　　58へ進む
52　レジに行く
　　：　53〜57　会計をする
58　ドラッグストアを出る

　これを図にしたものが、図6-17です。8ロールのトイレットペーパーがある／ない、4ロールがある／ない、いろいろなパターンで矢印をたどってもロボボの動きに矛盾はないように思いますが、これはとてもわかりにくい構造です。なぜなら、それぞれの条件判断の始まりと終わりが対応していないからで

＊18　第3章「**3.4　ロボボのお使いプログラム**」(56ページ)を参照してください。
＊19　処理をまとめる方法については第8章で説明します。

す（図6-17の点線部分）。それに、いちばん上の矢印と最後に出ていく矢印の位置がずれているのも気になります。

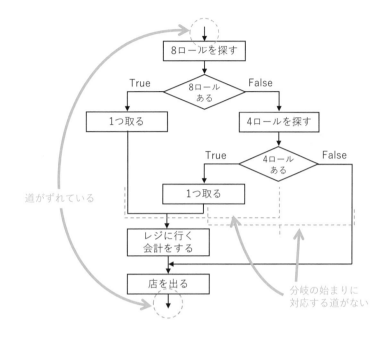

図6-17
わかりにくいプログラム

この問題が起きている原因は、51の「58へ進む」という命令です。プログラミング言語の中には「指定した場所にジャンプする」という命令が用意されているものもありますが、この命令を使うと、プログラム全体の見通しが悪くなりがちです。「ジャンプしか方法がない」[20]というとき以外は使うべきではありません。

合図（フラグ）を見て ➡
進む道を決める

実はロボボは、ある方法を使うと、会計をせずに店から出てくることができます。その方法とは、

会計をするかどうかの合図をプログラムの中に仕込んでおいて、それを利用する

というものです。これを、プログラムの世界では「**フラグを立てる**」といいます。フラグはflag、旗のことです。私たちも遠くにいる人に旗を振って合図をする

---

*20 エラーが発生したときに実行する処理をプログラムの最後に記述して、「エラーが発生したときは、最後にジャンプする」のように命令するプログラミング言語（Excel VBAなど）もあります。

ことがあるでしょう？　それと同じことをプログラムの中で行うイメージで
す。今回は「買い物カゴ」をフラグに見立てて、ロボボに合図を送りましょう。

　最初に空の買い物カゴを持って、それからトイレットペーパーの棚に行く。
そして目的の品を見つけたらカゴに入れる。見つからなかったらカゴは空のま
まですね。棚を離れたときに買い物カゴの中を確認して、品物が入っていたら
「レジへ行って会計をすませてから店を出る」、そうでなければ「カゴを返して、
店を出る」という具合です。これを指示書にすると、次のようになります。

1　空の買い物カゴを持つ
2　8ロールのトイレットペーパーを探す
3　もしも8ロールのトイレットペーパーがあれば、
4　　　8ロールのトイレットペーパーを棚から1つ取る
5　　　買い物カゴに入れる
6　それ以外なら、
7　　　4ロールのトイレットペーパーを探す
8　　　もしも4ロールのトイレットペーパーがあれば、
9　　　　　4ロールのトイレットペーパーを棚から1つ取る
10　　　　買い物カゴに入れる
11　もしも買い物カゴにトイレットペーパーが入っていたら、
12　　　レジに行く
13　　　会計をする
14　それ以外なら、
15　　　買い物カゴを返す
16　ドラッグストアを出る

　実際にプログラムを作るとき、「買い物カゴ」に代入するのはTrueかFalse
です。買い物カゴが空の状態はFalse、品物が入った状態をTrueにする、とい
うようにルールを決めて使いましょう。ロボボの動作を図にすると、図6-18
になります。条件判断の始まりと終わりもきちんと対応して、いちばん上の矢
印と最後に出ていく矢印も同じ線上になりました。

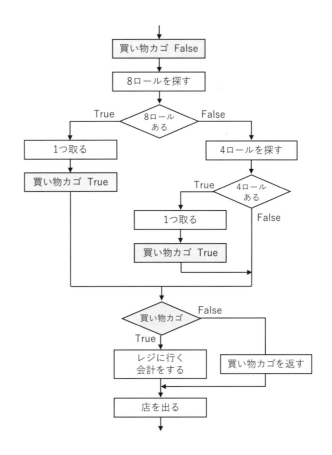

図6-18
わかりやすいプログラム

3 同じ道を何度も通る ── 繰り返し構造

コンピュータは、プログラムに書かれた命令を忠実に実行する機械です。同じような命令が続いても、文句をいうことはありません。たとえば「ブザーを10回鳴らす」という場合も、

同じ命令を何度も ➔
書くのは大変

ブザーを鳴らす
ブザーを鳴らす
ブザーを鳴らす
ブザーを鳴らす
ブザーを鳴らす
ブザーを鳴らす
ブザーを鳴らす

ブザーを鳴らす
ブザーを鳴らす
ブザーを鳴らす

のように命令すれば、ちゃんと10回鳴らしてくれます。しかし、これでは、プログラムを書く私たちが回数を間違えてしまいそうです。それよりも、

効率の良い ➜
命令のしかた「ブザーを鳴らす」を10回繰り返す

と命令できれば便利ですね。このように同じ命令を何度も繰り返すときは**繰り返し構造**を利用します。

3.1 回数を指定して繰り返す

「ブザーを鳴らす」を10回書きなさい——といわれたら、みなさんも1、2、3……と数えながら書くでしょう？　これと同じように、コンピュータが同じ処理を決まった回数だけ実行するには、繰り返した回数を数える変数が必要です。これを**カウンタ**のように呼び、名前は「i」にするのが一般的です[21]。

カウンタで繰り返した ➜
回数をカウントするさっそくカウンタを使って、コンピュータに「ブザーを鳴らす」処理を10回繰り返してもらいましょう。指示書は次のとおりです。字下げしている部分が、繰り返して実行する処理です。

字下げがポイント！ ➜

1 カウンタの初期値を1にする
2 もしもカウンタが10以下ならば、
3 　　ブザーを鳴らす
4 　　カウンタを1つ増やす
5 　　2 に戻る

「あれ？　ジャンプ命令は使ったらダメ[22]なんじゃないの？」と思ったかもしれませんが、5行めは「ジャンプする」という命令ではなく、繰り返す範囲がどこからどこまでなのかを示すためのものです。図で表すと、図6-19のようになります。

---

[21] 第4章「**1.2　変数名の付け方**」（72ページ）を参照してください。
[22] この章の「**2.7　分かれ道を作る「きっかけ」を用意する**」（136ページ）で説明しました。

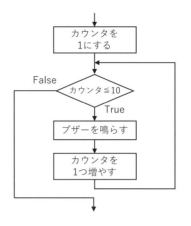

図6-19

「ブザーを鳴らす」を
10回繰り返す

カウンタを
1にする

カウンタ≦10

False

True

ブザーを鳴らす

カウンタを
1つ増やす

第**6**章

処理を行うたびにカ
ウンタはひとつ増える

　矢印をたどってみましょう。最初にカウンタを初期化した後、次のひし形は、繰り返すかどうかの判断です。この時点でカウンタは1なので、Trueの道を進んで「ブザーを鳴らす」「カウンタを1つ増やす」の順に処理をした後、矢印をたどると、繰り返すかどうかの判断に戻ります（指示書の**5**）。このときカウンタは2なので、再びTrueの道を進み……、これを繰り返すと10回めにカウンタは11になります。次の「カウンタ≦10」ではFalseの道を進むので、繰り返しは終了です。ブザーが11回鳴ることはありません。このように矢印をたどっていくと繰り返している部分が輪（*loop*）のように見えることから、繰り返し構造を**ループ構造**と呼ぶこともあります。

　ここでもう一度、指示書を見てください。今回は繰り返しのしくみを説明するために、カウンタの初期化と繰り返すかどうかの判断を2行に分けて記述しましたが（指示書の**1**〜**2**）、実際のプログラムでは、

**　カウンタが○○から××の間**

のように命令するのが一般的です。この書き方を利用すると、10回の繰り返しは、

**　カウンタが1から10の間**

になります。

3.2 **カウンタの初期値と最後の値**

　私たちは1、2、3……と「1」から数えますが、コンピュータは0、1、2、3……と「0」から数えるのが基本[*23]です。そのため、同じ処理を10回繰り返す

[*23] プログラミング言語の中には「1」から数えるものもあります。

ときにも、

0から数えると最後の ➡
値は「繰り返す回数
－1」

カウンタが0から9の間

のように命令したほうが都合のよい場面[24]がたくさんあります。これは、

カウンタが0から10未満の間

と書き換えることもできます。どちらでもわかりやすいほうを使用してください。後者のほうが繰り返す回数の「10」が含まれている分、わかりやすいかもしれませんね。念のためにいっておくと、「未満」は「その数字を含まずに、それよりも小さい」という意味なので、「10」は含まれません。

表6-1は、10回の繰り返しの間にカウンタがどのように変化するかを示したものです。0から数え始めたとき、カウンタの最後の値は、

繰り返す回数－1

になることをしっかり覚えておきましょう。

表6-1	繰り返した回数とカウンタ									
処理を実行した回数	1	2	3	4	5	6	7	8	9	10
カウンタ	0	1	2	3	4	5	6	7	8	9

3.3　回数を決めずに繰り返す

留守中に部屋をきれいにしてくれる掃除用ロボット。基本は前進ですが、障害物を検知したら向きを変える[25]動作を繰り返しながら、部屋全体を掃除します。「繰り返す」という言葉のとおり、部屋全体を掃除するまでには何度か向きを変えるはずですが、その回数は掃除をしてみなければわかりません。このように、プログラムを実行するまで繰り返す回数がわからないときは、

回数とは別の条件で ➡
繰り返す

部屋全体を掃除したかどうか

のような条件を使って、繰り返すかどうかを判断します。この動作を表したものが図6-20です。

---

[24] 第7章「**1.2　配列の使い方──配列の宣言と参照方法**」(160ページ)と「**1.3　配列を使うと便利になること**」(162ページ)で説明します。

[25] この章の「**2.2　もしも～ならば**」(127ページ)を参照してください。

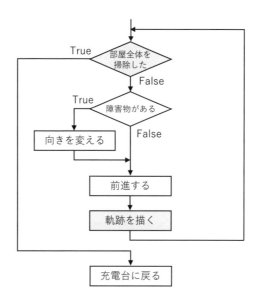

図6-20
部屋全体を掃除するまで
繰り返す（前判断）

第6章

豆知識 カウンタの増分

二足歩行のロボットを「100歩、歩かせたい」というときに、

① カウンタが0～100未満の間、
② 右足を50cm前に出す
③ 左足を50cm前に出す
④ カウンタを1つ増やす
⑤ ①に戻る

のように命令すると、右足・左足の順に出して、これで1歩とカウントします。しかし、私たちが普段使っている歩数計は片足ごとにカウントするので、上の指示書では200歩になります。歩数計と同じようにカウントするには、どうすればいいと思いますか？

ヒントは、数を数える方法です。普段の生活でも2、4、6……のように数えたりするでしょう？　指示書の④を「カウンタを2つ増やす」にすると、処理を実行するたびにカウンタは0、2、4、6……94、96、98のように変化します。繰り返した回数は50回になりますが、片足で1歩とカウントすると、これで100歩になります。「うーん、わからない……」という人は、表6-2を見ながら、ゆっくり考えてみてください。

表6-2 5回繰り返すと10歩になる

処理を実行した回数	1	2	3	4	5	……	49	50
カウンタ	0	2	4	6	8	……	48	49
足の運び	右、左	右、左	右、左	右、左	右、左	……	右、左	右、左
歩数	1、2	3、4	5、6	7、8	9、10	……	97、98	99、100

矢印をたどってみましょう。まず部屋全体の掃除が終わったかどうかを確認して、終わっていなければ障害物の確認です。必要であれば向きを変えて前進した後、次の「軌跡を描く」は部屋全体を掃除したかどうかの確認に使う、いわばフラグ*26のようなものです。コンピュータの中に画用紙を用意して、そこに掃除機が通った道を描く様子を想像してください（図6-21の左）。全部を塗り終えたら部屋全体を掃除したことになりますね（図6-21の右）。この後、繰り返しの先頭に戻ると「部屋全体を掃除したかどうか」の答えはTrueになるので、これで繰り返しを終了できます。

図6-21
掃除機が通った道を描く

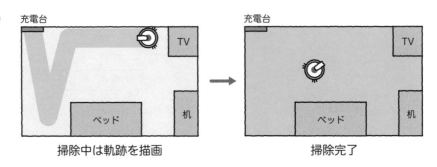

掃除中は軌跡を描画　　　　　　掃除完了

3.4　繰り返しを判断するタイミング ── 前判断と後判断

もう一度、図6-20を参照してください。この図では、ロボットが掃除を継続するかどうか──つまり、繰り返すかどうかの判断を最初に行っています。このように、処理を行う前に判断する方法を**前判断**といいます。

判断するタイミングは　➡
2つ

一方の図6-22は、掃除をした後に繰り返すかどうかの判断をしています。この方法を**後判断**といいます。

---

*26　この章の「**2.7　分かれ道を作る「きっかけ」を用意する**」（136ページ）を参照してください。

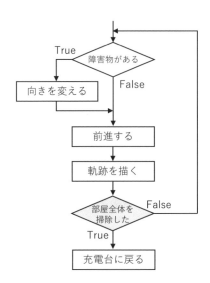

図6-22

処理をしてから繰り返す
かどうかを判断する（後
判断）

前判断と後判断の決定的な違いは、

繰り返しの処理を必ず一度は実行するかどうか

です。先に前判断から見ていきましょう。前節の図6-20（143ページ）の処理
を指示書にすると、次のようになります。図6-20では「部屋全体を掃除した
かどうか」になっていますが、ここはFalseの道をプログラムの本流と考えて、
「部屋全体の掃除が終わっていなければ」にしています。

1 　部屋全体の掃除が終わっていなければ、　← 前判断
2 　　　もしも障害物を検知したら、
3 　　　　　向きを変える
4 　　　前進する
5 　　　軌跡を描く
6 　　　1 に戻る
7 　充電台に戻る

動くかどうかを先に ➔
判断する

前判断の場合、掃除をするかどうかの判断を先に行います。そのため「たっ
たいま掃除をしたばかり」ということを掃除用ロボットが覚えていた場合、ロ
ボットは充電台から動くことなく（2 〜6 を一度も実行せずに）処理を終える
ことになります。

とりあえず動いてから ➔
判断する

　一方、後判断は次のようになります。この場合は、たったいま掃除をしたば
かりでも、必ず一度は充電台から離れて掃除を開始します。

1　もしも障害物を検知したら、
2　　　向きを変える
3　前進する
4　軌跡を描く
5　部屋全体の掃除が終わっていなければ、　← 後判断
6　　　1 に戻る
7　充電台に戻る

3.5　繰り返しを途中でやめる

繰り返し構造には「回数を決めて繰り返す方法」と「条件を使って繰り返すかどうかを判断する方法」の2通りがありますが、時には「途中で繰り返しをやめたい」ということもあります。たとえば、掃除用ロボットの充電が切れそうになったときは、掃除の途中でも充電台に戻ったほうが安全です。部屋の真ん中で止まっていたら、誰かがつまずいてしまうかもしれないでしょう？

掃除の途中でバッテ ➡
リーが切れたらどう
なる？

こういう場合は、繰り返し構造の中に「バッテリー残量が10％未満であれば、繰り返しを抜ける」という条件判断構造を追加します。指示書は次のとおりです。処理の流れは図6-23で確認してください。

1　部屋全体の掃除が終わっていなければ、
2　　　もしも障害物を検知したら、
3　　　　　向きを変える
4　　　前進する
5　　　軌跡を描く
6　　　もしもバッテリー残量が10％未満であれば、
7　　　　　繰り返しを抜ける
8　　　1 に戻る
9　充電台に戻る

図6-23
繰り返しを途中でやめる

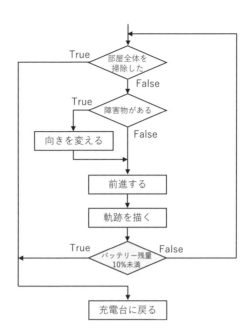

第6章

3.6 繰り返し構造を利用するときに注意すること —— 無限ループ

回数を決めて繰り返すときは、処理を行った回数を数えるカウンタを用意して、

カウンタが○○から××の間

のような繰り返し構造を利用します。このときに、カウンタの初期値と最後の値、そして増分の3つの関係に矛盾があると、正しい処理が行われないので注意してください。たとえば、

カウンタが0から5未満の間（ただし、カウンタは1つずつ減らす）

永久に繰り返しから ➡
抜け出せない！

にした場合はどうなるでしょう？　処理を行うごとに、カウンタは表6-3のように変化します。何度繰り返しても、カウンタは「5未満」のままです。ということは？——そう、繰り返しから抜けられなくなるのです。この状態を**無限ループ**といいます。

表6-3　0〜5未満の繰り返しで、増分が「−1」のとき

処理を実行した回数	1	2	3	4	5	6	7	……
カウンタ	0	-1	-2	-3	-4	-5	-6	……

無限ループは、掃除用ロボットのように条件を使って繰り返すかどうかを判断する場合でも起こります。このロボットは部屋全体を掃除したかどうかの確認のために、自分が通った道を描くはずでした[27]が、この処理を実行しなかったら、いつまで繰り返しても掃除完了の状態にはなりません（図6-24）。もっとも、掃除用ロボットはやがてバッテリーが切れて部屋のどこかで停止しますが、これは正しい終わり方ではありません。

図6-24

繰り返すかどうかの判断
に使う値が更新されてい
ない

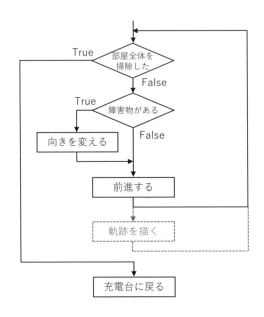

　改めて説明すると、無限ループとは、

繰り返し構造を終了するための条件が満たされずに、いつまでも処理を続けている状態

です。つまり、コンピュータは同じ仕事を何度も何度も繰り返すことに精一杯で、それ以外の仕事——たとえば、キーボードからの入力を受け付けたり、画面に何かを表示したりすることができなくなります。この状態になったら、プログラムを強制的に終了するか、最悪の場合はコンピュータを再起動するしかありません。システムダウン[28]と同様に、絶対に起こしてはいけない事態です。

無限ループとシステム
ダウンは絶対にダメ！

※27　この章の「**3.3　回数を決めずに繰り返す**」（142ページ）を参照してください。

※28　この章の「**2.5　「もしも」の処理を作るときに注意すること**」（132ページ）を参照してください。

繰り返し構造を作るときは、繰り返しを終了するための条件が成立するかどうかを確認してください。次のような場合は、必ず無限ループになります。

繰り返し構造の ➔
チェックポイント

- ● 回数を数えて繰り返すときに、カウンタの値が更新されていない
- ● カウンタの初期値と最後の値、増分の関係に矛盾がある
- ● 特定の条件を使って繰り返すかどうかを判断するときに、判断に使う値を繰り返しの中で更新していない

「ロボボのお使いプログラム」──繰り返し構造　　COLUMN

以下の指示書は、第3章で作った「ロボボのお使いプログラム」[*29] からの抜粋です。「〜まで」という言葉が示すとおり、これは繰り返すかどうかの判断に条件を使った構造です（図6-25）。

7　交差点に到達するまで、
8　　　歩く
9　　　周囲を確認する

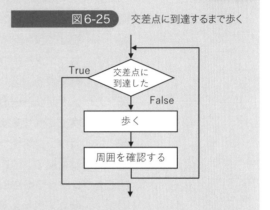

図6-25　交差点に到達するまで歩く

これまでは「ロボボの安全を確保するためにまわりを確認するのかな？」と思っていたかもしれませんが、この処理の本当の意味は「繰り返しを抜けるため」です。まわりの景色を見ていないと、交差点に到達したことに気づかずに、ずっと歩き続けること（無限ループ）になってしまうので注意しましょう。

また、ロボボが道路を渡るときにも「〜まで」を使った判断があります。これまでは条件判断構造の説明を優先するために「信号が青になるまで待つ」という書き方をしていましたが、この処理を正しく書くと、こうなります。

信号が青になるまで、
**　　待つ**
**　　信号を確認する**

3.7　繰り返し構造のネスト

腕立て伏せ10回を1セットとして、3セット行いましょう──このトレーニングをするのは、あなたではなくロボボです。どうやって命令しますか？

[*29] 第3章「**3.4　ロボボのお使いプログラム**」（56ページ）を参照してください。

腕立て伏せが10回だから、回数を指定する繰り返し構造を使うと、1セット分は、

　　□1　カウンタが0から10未満の間、
　　□2　　　腕立て伏せをする
　　□3　　　カウンタを1つ増やす
　　□4　　　□1に戻る

これで完成。これを3セットだから、

　　□1　カウンタが0から10未満の間、
　　□2　　　腕立て伏せをする
　　□3　　　カウンタを1つ増やす
　　□4　　　□1に戻る
　　□5　カウンタが0から10未満の間、
　　□6　　　腕立て伏せをする
　　□7　　　カウンタを1つ増やす
　　□8　　　□5に戻る
　　□9　カウンタが0から10未満の間、
　　□10　　　腕立て伏せをする
　　□11　　　カウンタを1つ増やす
　　□12　　　□9に戻る

繰り返しの処理を　⊕　出来上がり！──でもかまわないのですが、1セット分の命令を3回書くのは
繰り返す　　　　　面倒ではありませんか？　こういう場合は「1セット分を3回繰り返す」のよう
　　　　　　　　　に命令しましょう。

　　□1　カウンタ①が0から3未満の間、
　　□2　　　カウンタ②が0から10未満の間、
　　□3　　　　　腕立て伏せをする　　　　　　　　　　}
　　□4　　　　　カウンタ②を1つ増やす　　　　　　　1セット分
　　□5　　　　　□2に戻る
　　□6　　　カウンタ①を1つ増やす
　　□7　　　□1に戻る

これは繰り返し構造の中に別の繰り返し構造が入った形です。回数を数える

カウンタの名前は ➔
2つ必要

カウンタが「カウンタ①」と「カウンタ②」のように別の名前になっていること
に気がついたでしょうか？ 同じ名前では、腕立て伏せを何回繰り返したのか、
そして何セットめなのかがわからなくなってしまいます。必ず別の名前を付け
てください。なお、繰り返し構造をネストするとき、カウンタの名前は外側の
繰り返しから順にi、j、k、l……にするのが一般的です。

図6-26は、この処理を表した図です。矢印をたどってみましょう。

図6-26

腕立て伏せ10回を1セッ
トとして、3セット実行す
る

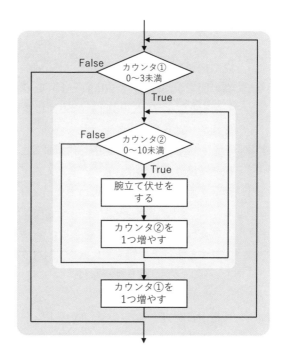

カウンタの初期値は、どちらも0です。Trueの道を進んで腕立て伏せ、カ
ウンタ②を更新して矢印をたどると、内側の繰り返しの先頭に戻ります。この
とき、カウンタ②は1ですから、再び腕立て伏せをしてカウンタ②を更新して
……、これを繰り返すと、10回めにカウンタ②は10になります。次の「カウ
ンタ②が0～10未満かどうか」の判断では、Falseの道を進んで内側の繰り返
しを抜けると、カウンタ①の更新です。ここでカウンタ①は1になり、再び
Trueの道に進んで……、頭が混乱しそうですね。

この処理を行うとき、それぞれのカウンタは次ページの表6-4のように変化
します。外側のカウンタが0の間に、内側のカウンタは0～9まで更新されて
いますね。別の言い方をすると、外側の繰り返しを1回実行する間に、内側の
繰り返しは指定した回数行われるということです。つまり、全体で見ると内側
の処理（この例では腕立て伏せ）は、

外側の繰り返しの回数×内側の繰り返しの回数

行われることになります。

表6-4	内側10回、外側3回の繰り返し		
カウンタ①	0	1	2
カウンタ②	0 1 2 3 4 5 6 7 8 9	0 1 2 3 4 5 6 7 8 9	0 1 2 3 4 5 6 7 8 9

　さて、この指示書に従うと、10回×3セットで、ロボボは連続して30回腕立て伏せをすることになります。外側の繰り返しを「カウンタ①が0から5未満の間」に変えると、50回（＝10回×5セット）腕立て伏せをします。たった1カ所変えるだけで30回から50回に変えられるのですから、プログラムって便利でしょう？

繰り返しに別の処理 ➡
を加えるとき……

　ところで、ロボボは途中で休憩することなく、何十回でも何百回でも腕立て伏せを繰り返します。1セット終えるごとに1分間の休憩をとるには、どこに命令を追加すればよいと思いますか？

　答えは「内側の繰り返しを抜けた後」です（図6-27）。内側の繰り返しの中に入れてしまうと、腕立て伏せを1回行うごとに休憩してしまいます。それではトレーニングになりませんね。

字下げの位置に注意 ➡

　指示書を書くときは、行頭の位置に注意してください。「1分間休憩する」を2段階字下げしてしまうと、内側の処理なのか外側の処理なのか、プログラミング言語に翻訳するときに判断がつきにくくなります。

　1　カウンタ①が0から3未満の間、
　2　　　カウンタ②が0から10未満の間、
　3　　　　　腕立て伏せをする
　4　　　　カウンタ②を1つ増やす ｜ 1セット分
　5　　　　2に戻る
　6　　1分間休憩する
　7　　カウンタ①を1つ増やす
　8　　1に戻る

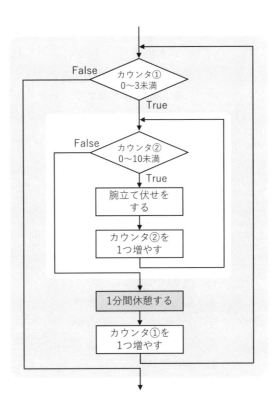

図6-27

1セットごとに1分間休憩する

---

4 改訂版：ロボボのお使いプログラム

　この章の以下の節では、条件判断構造や繰り返し構造を使うと「ロボボのお使いプログラム」がどのように改良できるかを紹介しました。

- **2.3　もしも～ならば、それ以外なら** (129ページ)
- **2.7　分かれ道をつくる「きっかけ」を用意する** (136ページ)
- **3.6　繰り返し構造を利用するときに注意すること —— 無限ループ** (147ページ)

条件判断や繰り返し
を見直したプログラム

　ここで紹介した改良を反映させると、日本語の指示書は次のようになります。

1　小包を持つ

2　財布を持つ

3　傘を持つ

4 玄関を出る

5 傘をさす

6 南を向く

7 交差点に到達するまで

8   歩く

9   周囲を確認する

10 信号を確認する

11 もしも信号が青でなければ、

12   信号が青になるまで、

13   待つ

14   信号を確認する

15 道路を渡る

16 西を向く

17 郵便局に到達するまで、

18   歩く

19   周囲を確認する

20 傘を閉じる

21 郵便局に入る

22 窓口に小包を渡す

23 局員に提示された金額以上のお金を財布から出す

24 お金を払う

25 もしもおつりがあれば、

26   おつりを受け取る

27   財布におつりを入れる

28 郵便局を出る

29 傘をさす

30 北を向く

31 信号を確認する

32 もしも信号が青でなければ、

33   信号が青になるまで、

34   待つ

35   信号を確認する

36 道路を渡る

37 ドラッグストアに到達するまで、

38   歩く

39   周囲を確認する

40 　傘を閉じる

41 　ドラッグストアに入る

42 　空の買い物カゴを持つ

43 　トイレットペーパーの棚を探す

44 　8ロールのトイレットペーパーを探す

45 　もしも8ロールのトイレットペーパーがあれば、

46 　　　8ロールのトイレットペーパーを棚から1つ取る

47 　　　買い物カゴに入れる

48 　それ以外なら、

49 　　　4ロールのトイレットペーパーを探す

50 　　　もしも4ロールのトイレットペーパーがあれば、

51 　　　　　4ロールのトイレットペーパーを棚から1つ取る

52 　　　　　買い物カゴに入れる

53 　もしも買い物カゴにトイレットペーパーが入っていたら、

54 　　　レジに行く

55 　　　店員に提示された金額以上のお金を財布から出す

56 　　　お金を払う

57 　　　もしもおつりがあれば、

58 　　　　　おつりを受け取る

59 　　　　　財布におつりを入れる

60 　それ以外なら、

61 　　　買い物カゴを返す

62 　ドラッグストアを出る

63 　傘をさす

64 　東を向く

65 　交差点に到達するまで、

66 　　　歩く

67 　　　周囲を確認する

68 　信号を確認する

69 　もしも信号が青でなければ、

70 　　　信号が青になるまで、

71 　　　　　待つ

72 　　　　　信号を確認する

73 　道路を渡る

74 　南を向く

75 　交差点に到達するまで、

76	歩く
77	周囲を確認する
78	左右を確認する
79	もしも左または右から車が来たら、
80	車が通り過ぎるまで
81	待つ
82	左右を確認する
83	道路を渡る
84	家に到達するまで、
85	歩く
86	周囲を確認する
87	傘を閉じる
88	玄関から家に入る

データをまとめて入れる箱

第**7**章

　ボックスティッシュの5箱パック、ミネラルウォーターが6本入った箱、袋に入ったニンジン3本、ジャガイモ4個……。いずれもスーパーマーケットで棚に並んでいる商品です。これらに共通するのは「同じ種類のものがひとつにまとめられている」という点です。バラバラよりも持ち運びに便利でしょう？

　プログラムの世界にも同じ用途で使うデータをまとめて入れる箱があります。この箱を利用すると、バラバラの変数を使うよりも、効率よくデータを処理できるようになります。

1 同じ種類のデータを並べて入れる──配列

変数は単体の箱、配➡
列は箱を並べたもの

　第4章で説明した「変数」は、プログラムで使う値を入れる箱です。この箱を複数並べて、名前を1つだけ付けたものを**配列**といいます。変数には値を1つしか入れることができませんが、配列には箱の個数だけ値を入れることができます。……なんだかよくわかりませんね。

　図7-1は、変数と配列のイメージを表したものです。ボックスティッシュの5個パックは持ち運びに便利ですが、配列はどのような場面でどんなふうに使うと便利になるのかを詳しく見ていきましょう。

図7-1

変数と配列

1.1 配列とは？

　5つの数値の平均値を求めるプログラムを作ってください。――さて、どうしますか？　たとえば、図7-1に示した5つの数値を使って平均値を求めるには、

① 7＋6＋10＋5＋3を計算する
② 答えを5で割る

の順番で計算すればよいのですが、具体的な数値をプログラムに書いてしまうと、「7＋6＋10＋5＋3」の平均を求めるプログラムになってしまいます。いろいろな値に対応する[*1]には、計算に使う値をそれぞれ変数にして、

1　1つめの値をaに入れる
2　2つめの値をbに入れる
3　3つめの値をcに入れる
4　4つめの値をdに入れる
5　5つめの値をeに入れる
6　a＋b＋c＋d＋eの答えをgoukeiに入れる
7　goukeiを5で割って、答えをanswerに入れる

のようなプログラムを作ればいいですね。これで変数answerに平均値が代入されます（図7-2）。

図7-2
5つの数値の平均を求めるために必要な変数

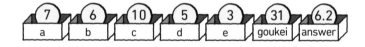

値の数だけ変数が必要 ⮕　では、10個の数値の平均値を求めるプログラムはどうでしょう？　同じ方法で作ると、

1　1つめの値をaに入れる
2　2つめの値をbに入れる
3　3つめの値をcに入れる

＊1　第4章「**1.1　変数とは？**」（71ページ）を参照してください。

4　4つめの値をdに入れる

5　5つめの値をeに入れる

6　6つめの値をfに入れる

7　7つめの値をgに入れる

8　8つめの値をhに入れる

9　9つめの値をiに入れる

10　10個めの値をjに入れる

11　a＋b＋c＋d＋e＋f＋g＋h＋i＋jの答えをgoukeiに入れる

12　goukeiを10で割って、答えをanswerに入れる

になります。計算に使う値を入れる変数が10個に増えて、合計を計算する式も長くなりましたが、なんとかできそうです。でも……

力業には限界が……　➡　この調子で100個の数値の平均値を求めるプログラムを作るのは、おそらく無理です。まず、変数名を100個考えるのが大変です。仮にa1、a2、a3……のような名前にしたとしても「○○を××に入れる」という命令を100回書かなければなりません。また「a1＋a2＋a3＋……a99＋a100の答えをgoukeiに入れる」の部分を間違えずに書くには、相当の集中力が求められそうです。奇跡的にできたとしても、わかりにくいプログラムになると思いませんか？

同じ種類のデータは　➡　平均値を求めるには、同じ種類のデータをたくさん使います。ここでの「同まとめて処理　じ種類」とは「平均値の計算に使う値」という意味です。「同じ用途で」といったほうがわかりやすいでしょうか。このようなデータは**配列**に入れて、ひとつにまとめることができます。図7-3は平均値の計算に使う5つの数値を配列に、合計と平均値は変数に入れた様子です。

図7-3

計算に使う5つの数値を
配列に入れる

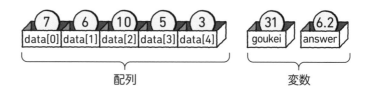

配列　　　　　　　変数

ここで注目してほしいのは、箱に書かれた名前です。合計と平均値の箱（変数）には別の名前が付けられていますが、配列の箱の名前はすべて「data」で、それぞれに0、1、2、3、4と番号が振られていますね。

改めて説明すると、配列とは、

同じ用途で使うデータを入れる箱を並べて、0から順番に番号を付け、
箱全体に1つの名前を付けたもの

です。図7-3では配列に5つの数値を入れましたが、箱を並べれば10個でも
100個でも、いくつでも値を入れることができます。その場合は、箱の番号が
5、6、7……と順番に増えていくだけです（図7-4）。

図7-4
計算に使う10個の数値
を配列に入れる

配列

変数

配列を使う理由① →　さて、改めて図7-2と図7-3、図7-4を見比べてみてください。変数を使っ
たときは5つの数値の平均を求めるために名前が7つ必要でしたが、配列を使
うとdata、goukei、answerの3つの名前ですみます。計算に使う値が増えても、
変数名の数は3つのまま変わりません。これが配列を使う理由の1つめ[*2]です。
いまはまだ配列を使ったプログラム[*3]を見ていないので実感が湧かないかもし
れませんが、

配列を使うと、少ない変数名でプログラムが作れる

のです。
　「ちょっと待って。名前がdataでも0、1、2……って番号を付けるなら、
a1、a2……と同じじゃないの？」と思うかもしれませんが、もう一度、図7-4
の箱をよく見てください。配列の番号は[ ]で囲まれているでしょう？　a1や
a2はアルファベットと数字を組み合わせて作った変数名ですが、[ ]の中の番
号は配列名とは別に扱うことができます。詳しいことは順を追って説明するの
で、ここでは「配列を使うと、少ない変数名でプログラムが作れる」というこ
とを、しっかり覚えておきましょう。

1.2　配列の使い方 ── 配列の宣言と参照方法

変数を使うときは、

[*2]　2つめの理由は、この後の「**1.3　配列を使うと便利になること**」（162ページ）を参照してください。
[*3]　この後の「**1.3　配列を使うと便利になること**」で説明します。

整数型の値を入れる箱にkazuという名前を付ける

データ型と名前、➡
箱の個数を宣言する
のように、データ型と変数名を宣言する必要がありました[4]。配列も同じです。データ型と名前、そして配列の場合は、箱の個数も必要です。たとえば、整数を5つ入れる配列であれば、

整数型の値を入れる箱を5つ並べてdataという名前を付ける

のように宣言してください。名前の付け方は変数のときと同じ[5]です。配列に入れる値の意味がわかるような名前を工夫して付けてください。

配列を宣言すると、コンピュータは指定された数だけ同じ名前の箱を並べて、そこに0、1、2……と連続した番号を振ります（図7-5）。この番号を**インデックス**または**添え字**といいます。また、それぞれの箱は**要素**、箱の個数は**要素数**といいます。図7-5であれば「要素数が5個の配列」となります。

図7-5
整数型の値を5個入れる配列

配列の各要素には、変数と同じように値を1つだけ入れることができますが、値を代入するには、それぞれの要素を識別できなければなりませんね。配列のインデックスは、そのための番号です。たとえば、図7-5の配列の各要素は、次のように表します[6]。

箱の番号を使って➡
参照する
先頭の要素　：data［0］
2番めの要素：data［1］
3番めの要素：data［2］
4番めの要素：data［3］
5番めの要素：data［4］

繰り返しになりますが、配列のインデックスは、各要素を識別するための大事な番号です。重複した値にならないように、配列を宣言したときに連続した番号が自動的に振られるのですが、コンピュータは数を0から数えるのが基本です。そのため、

---

[4]　第4章「**3.2　変数の宣言の役割**」（80ページ）で説明しました。

[5]　第4章「**1.2　変数名の付け方**」（72ページ）を参照してください。

[6]　この本ではインデックスを［ ］で囲みますが、プログラミング言語の中にはdata（0）のように（ ）を使うものもあります。プログラムを書く前に、必ずプログラミング言語の説明書で確認してください。

番号は0から始まって ➡
最後は「要素数−1」　　　　**配列のインデックスは0から始まる**

のが一般的*7です。この場合、最後の要素のインデックスは、

　　　要素数−1

になります。

1.3　配列を使うと便利になること

　　　配列は1つの名前で複数の値を入れることができます。とはいえ、「名前が1つでも、それぞれの要素に0、1、2……ってインデックスが付いているのなら、a1、a2……みたいな変数と同じじゃないの?」と、ずっと気になっていたかもしれませんね。a1やa2はアルファベットと数字の組み合わせで作った変数の名前ですから「a」と「1」のようにバラバラにすることはできません。しかし、配列のインデックスは0、1、2……のように連続する値——つまり、数値です。**配列の名前とは別に、インデックスだけを扱うことができる**という点が、変数との大きな違いです。

配列を使う理由② ➡　　　ところで、0、1、2……と1つずつ増えていく値、どこかで見覚えはありませんか?　そう、同じ処理を繰り返したときに、その回数を数えるカウンタ*8と同じですね。実は、

　　　配列は繰り返し構造と相性が良い

のです。これが配列を使う理由の2つめ*9です。

　　　たとえば、5つの数値の平均を求めるプログラム。変数を使った場合は、

変数を使った ➡
　プログラム　　1　1つめの値をaに入れる

　　2　2つめの値をbに入れる

　　3　3つめの値をcに入れる

　　4　4つめの値をdに入れる

　　5　5つめの値をeに入れる

---

*7　プログラミング言語の中には、インデックスが1から始まるものもあります。その場合、最後の要素のインデックスは「要素数」と等しくなります。

*8　第6章「**3.1　回数を指定して繰り返す**」(140ページ)を参照してください。

*9　1つめの理由は「**1.1　配列とは?**」(158ページ)を参照してください。

6 a＋b＋c＋d＋eの答えをgoukeiに入れる

7 goukeiを5で割って、答えをanswerに入れる

になります。一方、計算に使う5つの値を配列に入れる場合は、次のようになります。

配列を使った ➡
プログラム

1 要素数が5個の整数型の配列にdataという名前を付ける

2 カウンタが0から5未満の間、

3 dataの〇番めに値を代入する

4 カウンタを1つ増やす

5 2 に戻る

6 goukeiを0で初期化する

7 カウンタが0から5未満の間、

8 goukeiにdataの〇番めの値を足して、その答えでgoukeiを上書きする

9 カウンタを1つ増やす

10 7 に戻る

11 goukeiをdataの要素数で割って、答えをanswerに入れる

最初に要素数が5個の配列を宣言した後、2 〜 5 、7 〜 10 が繰り返し構造です。この中にある

dataの〇番め

の〇には、カウンタの値が入ります。つまり、1回めの処理のときは「dataの0番め」、2回めのときは「dataの1番め」……5回めのときは「dataの4番め」になり、ここで繰り返しは終了です。配列の先頭から最後まで、すべての要素を参照できているでしょう（次ページの図7-6）？　第6章で繰り返し構造を説明したときに「カウンタの初期値は0にしたほうが都合がよい」[10] という話をしたのですが、いまならその理由もわかるのではないでしょうか。

---

[10]　第6章「**3.2　カウンタの初期値と最後の値**」（141ページ）を参照してください。

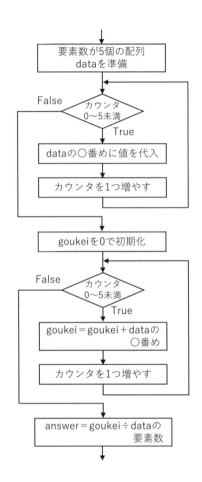

図7-6

配列を使って平均値を
求める

データが増えても配 ➡
列を使えばステップ
数は変わらない

　もう一度、日本語の指示書を確認しましょう。2つの指示書を見比べると、
配列を使ったプログラムのほうが繰り返し構造を使った分だけ複雑で、ステッ
プ数も増えていますね。しかし、これは平均値の計算に使う値が5つだからで
す。もしも計算に使う値が10個だったらどうでしょう？　変数を使った場
合[*11]は、値を代入するだけでも10ステップです。100個の数値の平均を求め
るなら100ステップになり、プログラムは長くなる一方です。その点、配列を
使った場合は、計算に使う値がいくつになってもステップ数は変わりません。
変わるのは、

　　要素数が100個の整数型の配列にdataという名前を付ける

という宣言部分と、

---

*11　変数を10個使った指示書については「**1.1　配列とは？**」（158ページ）を参照してください。

カウンタの値が0から100未満の間、

のように、繰り返しの回数を指定するところだけです。他の部分を変更する必要は、いっさいありません。計算に使う値が多くなると、配列を使ったほうがはるかに効率的でしょう？

1.4 配列を使うときに注意すること

繰り返しになりますが、配列を使うときは、

要素数が5個の整数型の配列にdataという名前を付ける

のように宣言します。配列の**インデックスが0から始まるとき、最後の要素のインデックスは「要素数−1」**です。繰り返し構造を使って配列のすべての要素を参照するときは、この値がとても重要になります。

最後の要素は ➡️
要注意！

たとえば上の例であれば、最後の要素のインデックスは「4」です（図7-7）。それにもかかわらず、

1　カウンタの値が0から5までの間、
2　　　dataの〇番めに値を代入する
3　　カウンタの値を1つ増やす
4　1に戻る

という繰り返し構造にしたらどうなるでしょう？　カウンタの値が0、1、2……と繰り返して5になったとき、2行めは「data[5]に値を代入する」という命令になりますが、そんな箱はありません。このとき、コンピュータは「箱が見つからないよ！」といって動作を止めてしまうか、あるいは別の名前が付けられた箱の中身を壊すかしてしまいます。どちらにしろ困った状況になることは確実です。

図7-7
要素数が5個の配列

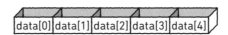
data[0] data[1] data[2] data[3] data[4]

配列の先頭から最後まで、すべての要素に対して何らかの処理を行うときは、

カウンタの値が0から要素数未満の間、

のような繰り返し構造を利用しましょう。「未満」は「その値を含まずに、それ

よりも小さい」という意味ですから、要素数は含まれません。たとえば要素数が「5」であれば、カウンタの最後の値は「4」になります。

では、カウンタの最後の値が要素数よりも小さいときは、どうなると思いますか？　たとえば、図7-7の配列に対して、

1　カウンタの値が0から2までの間、
2　　　dataの〇番めに値を代入する
3　　　カウンタの値を1つ増やす
4　　　1に戻る

にしたときです。結論からいえば、これはまったく問題ありません。

要素数には気を配る ➡
ことが大事

プログラムを作る段階で配列に入れる値の個数がわかっているときは、それと同じだけの要素数を宣言すればよいのですが、そうでない場合は要素数を多めに宣言する[12]のが一般的です。この場合は、

どこまで値を入れたかを覚えておいて、それよりも後ろは使わない

ように気をつけましょう。なぜなら、宣言した直後の配列にはゴミが入っている[13]からです。たとえば、図7-8のように配列の7番めまで値を入れたときは、

1　カウンタの値が0から7未満の間、
2　　　goukeiにdataの〇番めの値を足して、その答えでgoukeiを上書きする
3　　　カウンタを1増やす
4　　　1に戻る

のようにプログラムを作成してください。これを

初期化していない要 ➡
素を参照すると……

カウンタの値が0から10未満の間、

にしてしまうと、意味のない値が goukei に追加されます。その結果、「ちゃんと動いているのに、なんだか答えがおかしい……」ということになってしまいます。

---

[12]　要素数が少ないと、先に説明したような困った状況になるからです。
[13]　第4章「**2.2　箱の中を掃除する──初期化**」（76ページ）を参照してください。

図7-8
要素数が10個の配列の
うち7番めまで使う

要素数とインデック ➡
ス、カウンタの関係も
大事

　ここまで見てきたように、同じ用途で使うデータは、配列に入れると、繰り返し構造を使って効率よく処理することができます。その場合は、配列の要素数とインデックス、そして繰り返した回数を数えるカウンタとの関係をきちんと確認してください。どれかひとつでも間違うと、大事なデータを壊したり、意味のない計算をしたりすることになるので注意しましょう。

1.5　配列に入れられるデータ

　「1.1　配列とは？」（158ページ）でも説明したように、配列に入れられるのは**同じ用途で使うデータ**です。たとえば平均値を求めるときに、「計算に使う値」は配列に入れられますが、「合計」と「平均値」は計算で得られる値ですから同じ配列に入れることはできません。では、新たに配列を作って「合計」と「平均値」を入れたらどうなると思いますか（図7-9）？[14]

図7-9
合計と平均値をひとつの
配列に入れると……

ひとつの配列に意味 ➡
が違う値を入れると
扱いにくい

　配列には**同じ意味を持つデータ**を入れて、その意味がわかるような名前を付けるのが基本です。そのため、値の意味が異なる「合計」と「平均値」を同じ配列にすると、どこに何を入れたかを自分で覚えておかなければならなくなります。これでは配列を使う意味がありません。これまでどおり、値の意味が想像できる名前を付けた変数を使うべきです（図7-10）。

図7-10
配列と変数の使い分け

＊14　配列には同じデータ型の値しか入れることができません。小数点以下の値が失われないように、図7-9では、合計と平均値を実数型の配列に入れています。

異なるデータ型の値 ➡️
は入れられない

なお、配列に入れられるのは、**同じデータ型の値**だけです。同じ用途や意味を持つデータでも、異なるデータ型の値は入れることができません。たとえば、

要素数が5個の整数型の配列にdataという名前を付ける

と宣言した場合、この配列には整数しか入れられません。実数を入れた場合は、小数点以下の値が失われる[15]ので注意してください（図7-11）。

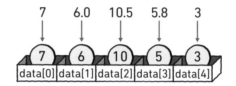

図7-11
整数型の配列に実数を
入れると……

1.6　文字列型の変数と配列

第4章「**3.5　文字の集まりを入れる箱──文字列型**」（85ページ）で、文字列型は変数を宣言したときに箱を準備して、具体的な値を入れたときに箱の大きさが決まる、という話をしました。たとえば、

1　文字列型の値を入れる箱にmojiという名前を付ける
2　mojiに「Hello」を入れる

の順番に命令を実行すると、文字列を入れた後の変数mojiは、図7-12のようなイメージになります。配列とよく似ていると思いませんか？

図7-12
文字列型の変数に
「Hello」を入れると……

---

[15]　第4章「**3.3　数値を入れる箱──整数型／実数型**」（81ページ）で説明しました。

豆知識 配列とよく似た入れ物

プログラミング言語の中には、同じ種類のデータをまとめて入れる箱として、配列以外のものを用意しているものもあります。なお、入れ物の名前や扱い方は、プログラミング言語によって異なります。それぞれの説明書で確認してください。

■ リスト

配列と同じように名前とインデックスを使って各要素を参照しますが、**リストは要素数が決まっていない**という点が配列との大きな違いです。最初に空の箱を準備して、そこに1つずつ要素を追加していくというイメージです（図7-13）。また、不要になった要素は、途中で削除することもできます。ファイルから読み込んだデータなど、プログラムを実行するまで要素数がわからないような値を扱うときには、とても便利な入れ物です。

図7-13
配列とリストの違い

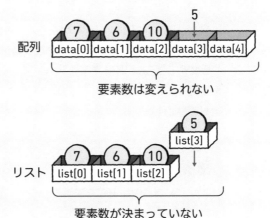

■ 連想配列[*16]

配列は各要素を識別するためにインデックスを使いますが、連想配列は箱のそれぞれに名前（キー）を付けることができます（図7-14）。何番めに何を入れたかを覚えておく必要がないため、必要なデータを取り出しやすいのが特徴です。

図7-14
連想配列

---

*16 **連想記憶**や**ハッシュ**、**マップ**、**辞書**、**ディレクトリ**など、プログラミング言語によって呼び方はさまざまです。

文字列型は配列と
よく似ている →

改めて説明すると、文字列型の変数は1文字ずつ入った箱が並んだものです。mojiとして箱全体を指したときは「Hello」[17]ですが、変数名とインデックスを使ってmoji[0]とすると先頭文字の「H」だけ取り出せるというのが文字列型の特徴です。最後の文字のインデックスは「文字数−1」ですから、次のような繰り返し構造を利用すれば、先頭文字から最後の文字まで1文字ずつ画面に表示することができます。

   1   カウンタの値が0から文字数未満の間、
   2   mojiの〇番めを画面に出力する
   3   カウンタを1つ増やす
   4   1に戻る

なお、文字列の扱い方はプログラミング言語ごとに異なります。たとえば、Python（パイソン）というプログラミング言語はmoji[0]で先頭の文字を参照することはできても、そこに別の文字を代入することはできません。この場合は、文字列を変更する別の方法が用意されています。詳しくは、プログラミング言語の説明書で確認してください。

秘密の暗号プログラム —— 複数の文字を暗号に変換する　COLUMN

　第3章で作った「秘密の暗号プログラム」[18]は、キーボードから1文字入力することを前提に作った指示書です。しかし、文字列が図7-12のような形になっていることがわかった現在なら、複数の文字も暗号に変換できそうですね。
　ポイントは、キー入力された値を文字列型の変数に代入することと、その文字数を調べることです。文字数を調べる命令はプログラミング言語に用意されている[19]ので、それを使いましょう。あとは、文字数分の繰り返し構造を使って、1文字ずつ暗号に変換するだけです（図7-15）。指示書は次のようになります。

   1   キーボードから入力された値を文字列型の変数に代入する
   2   入力された文字数を調べる
   3   カウンタの値が0から文字数未満の間、
   4   もしも〇番めの文字が半角スペースまたはピリオド（.）ならば、
   5   〇番めの文字をそのまま画面に出力する
   6   それ以外ならば、

---

*17　整数型や実数型の配列は、配列名で箱全体の中身を参照することはできません。
*18　第3章「**4.3　秘密の暗号プログラム**」（65ページ）を参照してください。
*19　このような命令を**標準関数**といいます。詳しくは第8章で説明します。

7	○番めの文字の文字コードを調べる
8	文字コードから10を引く
9	新しい文字コードに対応する文字を調べる
10	新しい文字を画面に出力する
11	カウンタを1つ増やす
12	3 に戻る

図7-15 すべての文字を暗号に変換する

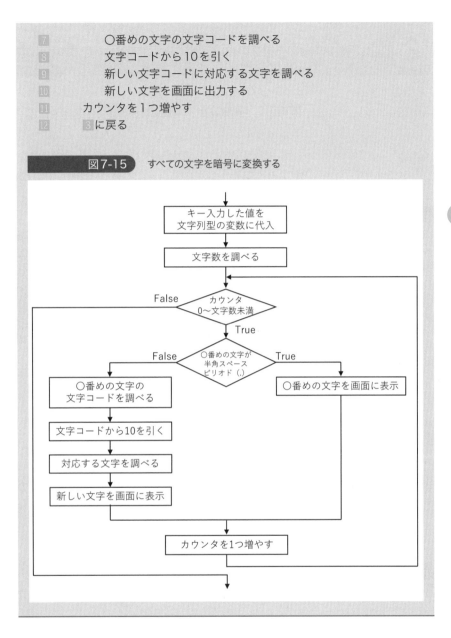

2 　縦横に並べた箱にデータをまとめて入れる ——二次元配列

　第2章で、画像は小さな点（ピクセル）の集まりでできている[20]という話をしました（図7-16）。このようなデータを扱うときに便利なのが**二次元配列**です。同じ種類のデータを入れる箱をマス目状に並べたもの、と考えると、わかりやすいでしょう。

図7-16 画像は縦と横にピクセルが並んだもの

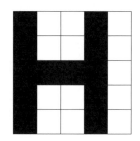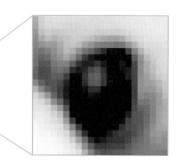

2.1 　二次元配列とは？

二次元配列は箱を
マス目に並べたもの

　これまでに見てきた配列は、同じ種類のデータを入れる箱を横方向に並べて、先頭から順番に0、1、2……と番号を付けたものでした（図7-17の上）。これと同じ数の箱を、そのまま縦方向に並べたものが、二次元配列です（図7-17の下）。

図7-17
配列と二次元配列

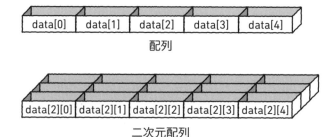

配列

二次元配列

箱の並べ方が横一列からマス目状になるだけで、

ひとつの名前で、同じ種類のデータをまとめて入れられる

インデックスが ➡
2つある
という基本の部分は、これまでの配列と同じです。違うのは、

● 配列を宣言するときに、縦方向の個数と横方向の個数を指定する
● 各要素を参照するときに、縦方向のインデックスと横方向のインデックスを使う

という2点です。図7-17の下のそれぞれの箱にも、2つの番号が書かれていますね。

図7-18は、図7-17の下の二次元配列を上から見た様子[*21]です。このようなマス目を数えるとき、横方向の箱の並びは上から順に1行め、2行め、3行め……と数えるでしょう？　そして、縦方向は左から順に1列め、2列め、3列め……と数えますね。

図7-18
箱の並びを数えるときに
使う助数詞[*22] は？

縦は行、横は列 ➡
　二次元配列の形を表現するとき、コンピュータの世界では「縦」と「横」の代わりに**行**と**列**という言葉を使います。どちらが行で、どちらが列か戸惑うところですが、数える方向を基準に考えましょう。**縦方向が行、横方向が列**です。つまり、図7-18であれば、

3行×5列の配列

となります。このように、**二次元配列の形は「行×列」で表現する**のが一般的です。

[*21] 私たちが数を数える方法に合わせて、図7-18では1、2、3……にしています。コンピュータの数え方に合わせると、図7-17の下のように0、1、2……となります。

[*22] 1本、1個、1匹、1枚……など、数を数えるときに使う言葉を**助数詞**といいます。

2.2　二次元配列の使い方

箱の数は行と列で
指定する

　二次元配列を使うときは、データ型と変数名、そして行と列の個数をそれぞれ指定する必要があります。たとえば、図7-19の配列であれば、

3行×5列の整数型の配列にdataという名前を付ける

のように宣言します。

図7-19

3行×5列の二次元配列

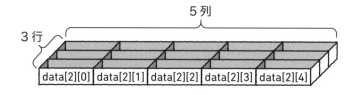

　配列の各要素は、行と列のインデックスを使って、

data [行のインデックス] [列のインデックス]

のように表します[*23]（図7-20）。配列のインデックスは0から始まるので、縦方向は「行数−1」、横方向は「列数−1」が最後の要素のインデックスになります。

図7-20

各要素を識別する
インデックス

data[0][0]	data[0][1]	data[0][2]	data[0][3]	data[0][4]
data[1][0]	data[1][1]	data[1][2]	data[1][3]	data[1][4]
data[2][0]	data[2][1]	data[2][2]	data[2][3]	data[2][4]

2.3　二次元配列と繰り返し構造

　3行×5列のマス目に1つずつボールを入れてください──さて、どうしますか？　図7-21の左のように適当に入れていくよりも、図7-21の中央や右のように、決まった順に入れたほうが効率良く入れられそうですね。

[*23] 二次元配列の表し方は、data [0] [0]、data [0, 0]、data (0, 0) など、プログラミング言語によって異なります。それぞれの説明書で確認してください。

図7-21　3行×5列のマス目にボールを入れる順番

10	1	9	6	13
7	15	2	11	4
12	3	8	5	14

適当な順番

1	2	3	4	5
6	7	8	9	10
11	12	13	14	15

左から右、上から下の順

1	4	7	10	13
2	5	8	11	14
3	6	9	12	15

上から下、左から右の順

ここで、図7-20と図7-21の中央を見比べてみてください。1行めの左から順にボールを入れるとき、二次元配列のインデックスは[0][0]、[0][1]、[0][2]、[0][3]、[0][4]と、列のインデックスだけが1つずつ増えていきます。2行めにボールを入れるときは、行のインデックスが1のまま、列のインデックスは1行めと同じく0、1、2……と変化します。3行めは行のインデックスが2になって……。頭が混乱するような数の増え方、どこかで見た覚えはありませんか？*24

二次元配列は二重の繰り返し構造と相性がよい ➡　二次元配列の各要素を順番に参照するには、繰り返し構造のネストを利用します。二重の繰り返し構造では、外側の繰り返しを1回実行する間に、内側の繰り返しは指定した回数だけ行われるのでしたね。つまり、

1　　行のカウンタが0から行数未満の間、
2　　　　列のカウンタが0から列数未満の間、
3　　　　　　配列の〇行□列めの箱にボールを入れる
4　　　　　　列のカウンタを1つ増やす
5　　　　　　2に戻る
6　　　　行のカウンタを1つ増やす
7　　1に戻る

のようなプログラムを作成すると、図7-21の中央の順に、二次元配列のすべての要素を参照することができます（次ページの図7-22）。

*24　第6章「**3.7　繰り返し構造のネスト**」（149ページ）を参照してください。

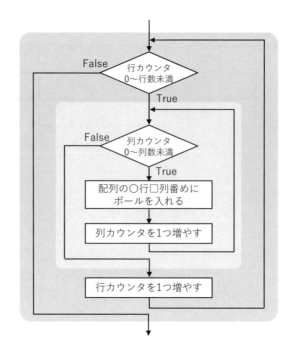

図7-22

繰り返し構造のネストを
使って二次元配列の全要
素を参照する

外側と内側の繰り返 ➡
しを入れ替えると参
照する順番が変わる

　では、図7-21の右の順にボールを入れるには、どうすればいいと思います
か？──これは、繰り返しの外側と内側を入れ替えるだけです。次のような
繰り返し構造を利用すると、外側の繰り返し構造で0列めに注目している間に、
内側の繰り返し構造で0行め、1行め、2行めの順に参照することができます。

1　列のカウンタが0から列数未満の間、
2　　　行のカウンタが0から行数未満の間、
3　　　　　配列の〇行□列めの箱にボールを入れる
4　　　　行のカウンタを1つ増やす
5　　　　2に戻る
6　　　列のカウンタを1つ増やす
7　　1に戻る

　　二重の繰り返し構造を利用したときに、それぞれのカウンタがどのように変
化するかは、表7-1と表7-2を参照してください。

表7-1	1行めの左から順にボールを入れるとき（図7-21の中央）				
外側：行のカウンタ	0		1		2
内側：列のカウンタ	0 1 2 3 4		0 1 2 3 4		0 1 2 3 4

表7-2	1列めの上から順にボールを入れるとき（図7-21の右）				
外側：列のカウンタ	0	1	2	3	4
内側：行のカウンタ	0 1 2	0 1 2	0 1 2	0 1 2	0 1 2

2.4　二次元配列と表計算

　表7-3は、5人分のテストの点数です。国語、算数、英語の3教科分がありますが、「テストの点数」という同じ意味を持ったデータです。このようなデータ（もちろん、点数だけです）は、二次元配列にそのまま入れることができます（図7-23）。

　ただし、二次元配列には、行見出しや列見出しのようなものがありません。行と列をどのような意味で使ったのか、各要素にはどんな値が入っているのかを、しっかり確認しながらプログラムを作るようにしましょう。

表7-3

5人×3教科分の
テストの点数

	国語	算数	英語
太郎	70	90	100
次郎	65	80	75
三郎	100	45	35
四郎	55	40	80
五郎	35	60	50

図7-23

5人×3教科分の
テストの点数

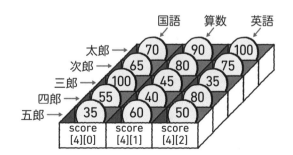

二次元配列は表組み ➡
の行と列に相当

　さて、ここまでできたら、表計算ができそうな気がしませんか？　ここでの「表計算」とは、横1行または縦1列のデータを使った集計のことです。

前節で説明したように、二次元配列は二重の繰り返し構造をどう作るかで、要素を参照する順番が変わります。たとえば、横方向の1行を使った集計——つまり、個人の合計点を求めるときは、外側の繰り返しを行、内側の繰り返しを列にしてください(図7-24)。これで、0行めに注目している間に国語、算数、英語の合計 (goukei) を求めることができます。

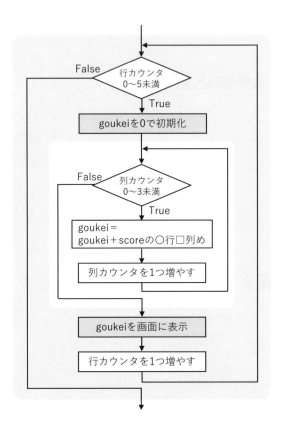

図7-24

個人の合計点を求める

goukeiの初期化や答えを画面に表示する処理は、外側の繰り返しで行います[25]。内側の繰り返しで行うと正しく計算できないので注意しましょう。指示書は次のとおりです。

1行ごとに合計を ⮕
求めるプログラム

1　行のカウンタが0から行数未満の間、

2　　　goukeiを0で初期化する

3　　　列のカウンタが0から列数未満の間、

---

[25] 第6章「**3.7　繰り返し構造のネスト**」(149ページ) で作ったロボボの「腕立て伏せプログラム」を参照してください。腕立て伏せ10回を1セットとして3セット行うとき、1セット終えるごとに休憩する方法と同じです。

|4| goukeiにscoreの〇行□列めの値を足して、その答えで
goukeiを上書きする

|5| 列のカウンタを1つ増やす

|6| |3|に戻る

|7| goukeiを画面に表示する

|8| 行のカウンタを1つ増やす

|9| |1|に戻る

1行ごとに平均点を
求めるときは ➡

また、教科ごとに平均点を求めるときは、縦方向の1列に注目している間にすべての行の点数を合計しなければならないので、外側の繰り返しが列、内側の繰り返しが行になります。上記と同じように、内側の繰り返しの中で合計点を求めた後、外側の繰り返しで平均点を計算[*26]して画面に表示すれば出来上がりです。ぜひ、チャレンジしてみてください。

3 関連するデータをまとめて入れる──構造体

ここまでに見てきた「配列」は、1つの名前で複数の値を入れられる箱です。配列には同じデータ型の値しか入れることができませんが、これから説明する**構造体**には、データ型の異なる値を入れることができます。また、構造体にどのようなデータを入れるかは、プログラムを作る人が自由に設計できます。──またまた厄介な箱が出てきたな……と思っていませんか?

いろいろなデータを
入れられる構造体 ➡

図7-25は、配列と構造体のイメージを表したものです。配列は同じ用途で使う値をまとめることで効率よく処理できましたが、構造体はどんな場面でどんなふうに使うと便利なのかを見ていきましょう。

図7-25

配列と構造体

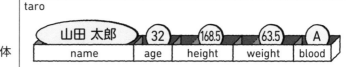

* 26 goukeiを行数で割ると平均が求められます。

3.1　構造体とは?

　もう一度、図7-25を見てください。上は、要素数が5個の整数型の配列です。改めて説明するまでもありませんが、配列はすべての箱に同じ名前が付いていて、先頭から順に0、1、2……とインデックスが振られます。そして、下が構造体です。配列と違う点が3つあるのですが、どこが違うのか、少し考えてみてください。

配列と構造体の違い ➡　違いの1つめは、箱のそれぞれに名前が付いているという点です。インデックスはありません。念のために箱の名前と意味を確認しておくと、先頭から順に「name(名前)」「age(年齢)」「height(身長)」「weight(体重)」「blood(血液型)」です。

　2つめは、異なる種類のデータ型を入れる箱が並んでいるという点です。nameとbloodは文字列型、ageは整数型、heightとweightは実数型です。

　3つめは、箱全体を囲む大きな枠があって、そこに「taro」という名前が付いているという点です。

構造体は関連する情 ➡　箱に付けられた名前からも想像できるように、図7-25の下は、太郎くんの
報をまとめて入れる箱　名前や年齢、身長や体重など、太郎くんに関する情報をひとつにまとめたものです。これらの値をプログラムで扱うには、name、age、height、weight、bloodの5つの変数が必要ですが、変数の数が増えるとプログラムが作りにくいというのは、これまでの話からも想像できるでしょう?　しかし、配列では、データ型の違う値を扱うことはできません。そこで**構造体**の登場です。ここで、もう一度、構造体のイメージを確認しておきましょう(図7-26)。

図7-26
構造体のイメージ

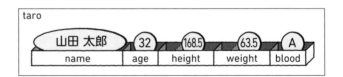

　ひと言で表現すると、構造体は、

関連する情報をひとつにまとめた箱に名前を付けたもの

となります。図7-26の場合は、taroが構造体という箱に付けた名前です。構造体の中にあるnameやageは**構造体のメンバ**と呼びます。関連する情報であれば、異なる種類のデータ型も入れられるという点が、配列との違いです。

180 ▶ 第7章　データをまとめて入れる箱

構造体を使うと便利になること

「ちょっと待って。構造体に名前があって、その中のメンバにも名前が付いているのなら、変数名は増える一方じゃないの？」と不安になったかもしれませんね。確かに、構造体のメンバを参照するには、

taro.name

のように記述[*27]しなければなりません。構造体の名前を名字、メンバ名を名前と考えると、フルネームを書くようなものですから、煩わしいと感じるのも無理はありません。しかし、名字と名前を分けることには、ちゃんと理由があるのです。

第8章で説明しますが、プログラムは、処理の内容ごとに小さな単位に分けることができます。たとえば図7-27は、値を代入する処理と、値を画面に出力する処理を別のプログラムにした様子です。

図7-27 プログラムの部品を利用する

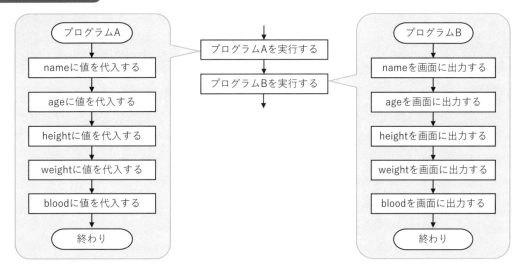

構造体を使うとデータの受け渡しが簡単 ⊕

この場合、プログラムAからプログラムBに値を入れた箱を渡さなければなりませんが、変数を5つ渡す次ページの図7-28の左と、構造体にまとめて渡す図7-28の右──2つを見比べると、構造体を使った図7-28の右のほうが

[*27] taro.nameやtaro->nameなど、構造体のメンバを参照する方法はプログラミング言語ごとに異なります。それぞれの説明書で確認してください。

簡単でしょう？　プログラム間で値をやり取りする場合は、構造体のほうが圧倒的に便利です。

図7-28
プログラムAからプログラムBに値を渡す

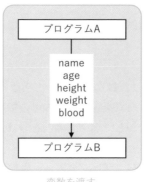

変数を渡す　　　　　　　　　　構造体を渡す

3.3　構造体の使い方

　構造体は、関連する情報であれば、データ型が異なる値も入れられる便利な箱です。その箱（構造体）をどのようなメンバで構成するかは、プログラムを作る人の自由です。そのため、構造体を**ユーザー定義型**のように呼ぶプログラミング言語もあります。

設計図は自分で作る ➡　さて、構造体を利用するには、構造体の設計図を作るところから始めなければなりません。これを**構造体の定義**といいます。具体的な方法はプログラミング言語ごとに異なりますが、

● 構造体の名前を決める
● 構造体を構成するメンバの名前を決める
● 各メンバのデータ型を決める

の3つは、どのプログラミング言語でも共通です。なお、構造体の名前やメンバ名の付け方は、変数のときと同じ[*28]です。その構造体が何を扱うのか、何に関連する情報を入れるのかがわかるような名前を、工夫して付けてください。

[*28] 第4章「**1.2　変数名の付け方**」（72ページ）を参照してください。

たとえば、

構造体の名前	：body		
メンバ名	：name	**文字列型**	← 名前を入れる
メンバ名	：age	**整数型**	← 年齢を入れる
メンバ名	：height	**実数型**	← 身長を入れる
メンバ名	：weight	**実数型**	← 体重を入れる
メンバ名	：blood	**文字列型**	← 血液型を入れる

のように定義すると、プログラムには新しく「body型」という設計図が登録されます（図7-29の上）。

宣言すると設計図を → もとに箱ができる　しかし、ここに値を入れることはできません。body型は整数型や実数型と同じように「身体に関連する情報をまとめたもの」というデータの種類を表しているだけです。この後で、

body型の値を入れる箱にtaro という名前を付ける

と宣言することで、ようやく値を入れられるようになります（図7-29の下）。

図7-29
構造体の定義と変数の宣言

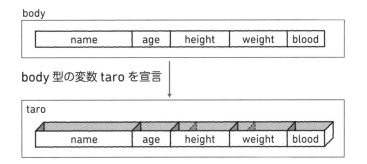

箱（メンバ）の → 参照方法　たとえば「名前」に値を代入するときは、body型の変数名とメンバ名を使って、

taro.name = "山田 太郎"

のように記述してください。また「年齢」であれば、

taro.age = 32

です。各メンバに代入できるのは、body型を定義したときに決めたデータ型の値だけです。他のデータ型の値を入れることはできません。

構造体を配列にすると……

COLUMN

たくさんのデータをまとめるときに便利な一覧表。「**2.4　二次元配列と表計算**」（177ページ）で見たテストの点数は同じ種類のデータですから二次元配列に入れられますが、表7-4はいろいろな種類のデータで構成されています[*29]。このようなデータをプログラムで扱うには、名前、年齢、身長、体重、血液型で構成される構造体（body型）を定義して、この構造体型の配列を利用します。

表7-4
身体に関連する情報

名前	年齢	身長	体重	血液型
山田 太郎	32	168.5	63.5	A
鈴木 次郎	38	173.0	67.0	O
高橋 三郎	27	178.5	65.0	A
佐藤 四郎	31	165.0	60.5	AB
田中 五郎	25	170.0	62.0	B

たとえば、

要素数が5個のbody型の配列にdataという名前を付ける

のように宣言すると、配列dataは図7-30のようなイメージになります。この場合、それぞれの要素は、配列名と構造体のメンバ名を使って、

data[0].name = "山田 太郎"

のように参照します。列に名前が付いている分、二次元配列よりもわかりやすいかもしれませんね。繰り返し構造を利用すれば、身長や体重の平均値を求めることもできます。ぜひ、チャレンジしてみてください。

図7-30
要素数が5個のbody型
の配列

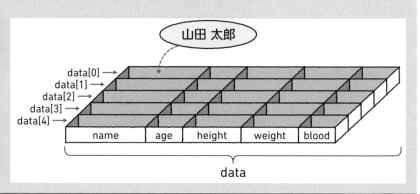

[*29] 関連する情報をまとめた表を、コンピュータの世界では**テーブル**といいます。また、列の名前を**フィールド**、横方向の1行を**レコード**と呼びます。

大事なデータを保存する──ファイル

4.1 ファイルとは？

コンピュータはプログラムを実行するとき、メモリ上に変数や配列を作成して、いろいろな情報を記憶しながら作業を行います。これらの情報はいつまでも使えるわけではなく、プログラムを終了すると同時に消えてなくなります。せっかく処理をしても、結果が残らないのでは困りますね。

記憶と記録 ⮕　コンピュータで何か作業をした後は、**ファイル**という形で、メモリとは別の場所に記録しましょう。そうすれば、必要なときにメモリ上に呼び出して、再び作業を続けることができます。

第7章

4.1 ファイルとは？

コンピュータの記憶領域には**メモリ**[*30]のほかに、もうひとつ**ストレージ**[*31]という領域があります。メモリはプログラムを実行している間しか使用できませんが、ストレージに記憶したデータは、プログラムを終了しても失われません。みなさんも、パソコンを使ってレポートやプレゼンテーション用の資料を作成したときは、最後に必ずファイルに保存するでしょう？　ファイルはストレージにデータを記録するときの一単位です。

電源を切っても ⮕
なくならない

4.2 ファイルの構造

インターネットからダウンロードした楽曲、カメラで撮影した写真や動画、専用のストアから入手したアプリ[*32]、そのアプリで作成したデータなど、みなさんのパソコンやスマートフォンのストレージには、いろいろなファイルが保存されていると思います。これらのファイルは必ず**テキストファイル**と**バイナリファイル**のどちらかに分類されるのですが、先頭から一直線にデータが並んでいて最後は**EOF**（*End Of File*）になるという構造は、どれも同じです（次ページの図7-31）。

ファイルの中身は ⮕
0と1

＊30　第2章「**2　コンピュータってどんな機械？**」（37ページ）を参照してください。

＊31　ハードディスク（HDD；*Hard Disk Drive*）やSSD（*Solid State Drive*）、USBメモリ、SDカードなどもストレージに含まれます。

＊32　第2章「**2.3　コンピュータが動くしくみ**」（40ページ）では「プログラムはメモリの中に入っている」のように説明しましたが、それは家電に組み込まれたコンピュータの話です。パソコンやスマートフォンの場合はストレージに保存されていて、プログラムを起動した段階でメモリ上に読み込まれます。

豆知識 ファイルの拡張子

ストレージにファイルを保存すると、ファイル名の後ろに.txtや.jpg、.mp3など、ドット（.）と3～5文字程度の英数字が必ず付くのですが、見たことはありませんか？　これらは**拡張子**といって、ファイルの種類を表す文字列です。主な拡張子は表7-5を参照してください。コンピュータは、この拡張子を見て、ファイルをどのように扱うかを判断しています。

表7-5
主な拡張子

データ	拡張子
テキスト	txt、csv、html
プログラム	py、c、java、swift
画像	jpg、bmp、png
動画	mp4、mov、avi
音楽	mp3、wav
Microsoft Office	docx、xlsx、pptx
アプリ	exe、app
圧縮データ	zip、tar

「どうしてファイルの中身が0と1なの？」と思った人は、もう一度、第2章に戻って確認してください。コンピュータは、すべての情報を0と1だけで扱っています。そのため、ファイルに記録されるデータも0と1になります。

図7-31
ファイルの構造

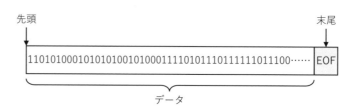

先頭　　　　　　　　　　　　　　　　　　　　　　　　末尾

110101000101010100101000111101011101111110011100…… EOF

データ

4.3 テキストファイルの扱い方

Windowsの「メモ帳」やMacOSの「テキストエディット」でファイルを開いたときに中身を確認することができる[*33]ファイルを**テキストファイル**といいます（図7-32）。テキスト（*text*）という言葉が示すとおり、文字だけで構成さ

---

*33 ただし、ファイルを記録したときと読み込むときとで文字コードが異なる場合は、正しく表示できません。詳しくは第2章「**1.2　文字の表し方**」（28ページ）を参照してください。

れるデータを保存したファイルで、文字コードがそのまま記録されています。

図7-32

Windowsの「メモ帳」で
中身を確認できる

図7-33は、図7-32のデータを保存したテキストファイル内のイメージ*34
です。データはファイルの先頭から順番に隙間なく記録されるため、一人分の
データの量はバラバラになります。

図7-33　テキストファイルのイメージ

たろう taro@xxx.com 090-1234-5678	鈴木次郎 080-9876-5432	高橋三郎 saburo@zzz.com 070-6789-1234	EOF

テキストファイルは、先頭から順番に読み書きするのが基本です。途中のデー
タを一部分だけ取り出すことはできません。ファイルの後半を修正したい場合
でも、ファイルの先頭から読み込んで対象の場所を探し、修正した後も先頭か
ら順にファイルに記録しなければなりません。そういう点で見ると手間がかか
るように思いますが、ファイルの中身が単純で扱い方も簡単なことから、テキ
ストファイルは多くのアプリでデータのやり取りに使われています。

なお、ファイルの先頭から順番に読み書きする方式を**シーケンシャルアクセ
ス**といいます。シーケンシャル（*sequential*）は「一連の」や「順々に」という意
味です。また、アクセス（*access*）には「読み書きする」という意味があり、コ
ンピュータの世界ではよく利用される言葉です。

文字コードのデータは
扱いやすいが編集は
そのつど全体で

4.4　**バイナリファイルの扱い方**

写真や動画、音楽など、テキストファイル以外のファイルはすべて**バイナリ
ファイル**です。バイナリ（*binary*）の意味は「2進法の」です。つまり、バイナ
リファイルは、コンピュータが扱う形式のままデータを記録しているため、

*34 ファイルに記録されるデータは、0と1に置き換えられたものになります。

Windowsの「メモ帳」やMacOSの「テキストエディット」で開いても中身を確認することはできません[35]（図7-34）。

図7-34
Windowsの「メモ帳」で
開くと……

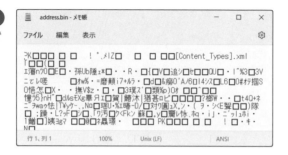

図7-35は、表7-6のデータを保存したバイナリファイル内のイメージ[36]です。内容は図7-32と同じですが、バイナリファイルの場合、一人分のデータを50バイト[37]と決めたときは、必ず50バイト単位で記録します[38]。データが50バイトに満たない場合、残った部分は未使用の領域となります。

図7-35　バイナリファイルのイメージ

表7-6	名前	メールアドレス	電話番号
連絡帳データ	たろう	taro@xxx.com	090-1234-5678
	鈴木次郎		080-9876-5432
	高橋三郎	saburo@zzz.com	070-6789-1234

「ファイルの中に未使用の領域があるなんて無駄じゃないの？」と思うかもしれませんが、データの大きさが決まっているおかげで、バイナリファイルは「○○バイトめから××バイト」のような形でデータを読み書きすることができ

---

*35 文字だけで構成されるデータをバイナリファイルに記録したときは、メモ帳やテキストエディットで中身を確認することができます。

*36 ファイルに記録されるデータは、0と1に置き換えられたものになります。

*37 「バイト」の説明については、第2章「**1.4　色の表現方法**」の【豆知識】（33ページ）を参照してください。

*38 コンピュータは数を0から数えるのが基本です。そのため、図7-35でも、ファイルの先頭を0バイトめとしています。

ます。たとえば、鈴木次郎さんのメールアドレスがわかったときは、50バイトめから50バイトを読み込んで内容を編集した後、同じ場所に書き込むということができます。

0と1のデータは扱いが難しいが特定部分を取り出して編集できる ➔

このようにバイト位置を指定してアクセスする方式を**ランダムアクセス**といいます。ランダム（*random*）の意味を辞書で調べると「思いつきの」や「手当たり次第」という意味がありますが、ファイルの読み書きに関しては「好きなところから」という意味になります。

バイナリファイルを利用するには、そのファイルがどのような構造になっているか——つまり、ファイルフォーマットを理解しなければなりません。扱いにくいようなイメージがありますが、ファイルフォーマットさえわかれば必要なデータをすぐに取り出すことができるので、ファイルの先頭から読み書きするテキストファイルよりも高速に処理することができます。

4.5 ファイルを利用する方法

ファイルにデータを出力したり、ファイルからデータを読み込んだりするときに使う命令は、プログラミング言語ごとに異なりますが、

ファイルを扱う際の三原則 ➔

① ファイルを開く
② ファイルにデータを出力する／ファイルからデータを読み込む
③ ファイルを閉じる

という手順は、どのプログラミング言語でも共通です。

❶ ファイルを開く

ファイルを利用するときは、最初に必ず「ファイルを開く」という操作が必要です。このときに、テキスト形式で開くかバイナリ形式で開くか、また読み込み専用モードで開くか書き込み可能なモードで開くかを決めることができます。

❷ ファイルにデータを出力する／ファイルからデータを読み込む

ファイルを開いた後は、データの入出力です。この処理は繰り返し構造を利用すると便利です。たとえば、

1　カウンタが0から要素数未満の間、
2　　　配列の〇番めの要素をファイルに出力する
3　　　カウンタを1つ増やす

|4|　　|1|に戻る

のようにすれば、配列内のすべてのデータをファイルに出力することができます。また、ファイルの先頭からすべてのデータを読み込む場合は、

|1|　データの読み込み開始位置がEOF（ファイルの終端）に到達するまで、
|2|　　　データを読み込む
|3|　　　読み込み開始位置を1データ分進める
|4|　　|1|に戻る

になります。ファイルサイズによって繰り返す回数は異なるため、「EOFに到達するまで」のような条件を指定して、読み込みを継続するかどうかを判断してください。

❸ ファイルを閉じる

　データの入出力が終わったら、最後に必ず「ファイルを閉じる」操作を行ってください。この処理を忘れると、ほかのプログラムでファイルを利用できなくなったり、大事なデータを壊してしまったりすることがあります。みなさんがファイルを扱ったプログラムを作るのは、まだもう少し先の話かもしれませんが、

　ファイルを開いたら、必ず閉じる

ということだけは、しっかり覚えておきましょう。

プログラムの部品を作る

今日はみんなで大掃除。太郎くんは窓拭き、花子さんは台所の換気扇、私はトイレとお風呂担当。さあ、始め！——私たちは、普段から「仕事を分担する」ということをします。それぞれが決まった仕事をしたほうが効率が良いでしょう？　プログラムの世界でも、同じように、処理の内容ごとに小さなプログラムを作ることができます。これを関数といいます。

関数を利用すると、プログラム全体の見通しが良くなるだけでなく、間違いの修正や内容の変更など、プログラムの保守作業もしやすくなります。

---

1 プログラムを入れる箱——関数

関数は一連の処理を
まとめたもの

第3章で作った「ロボボのお使いプログラム」[1]では「歩く」という命令を何度か使用しています。もっとも、ロボボのことを「立つ、しゃがむ、座る、歩く、走る、握る……など、人間の基本的な動作はなんでもできる」と紹介した[2]ので、ここまで何の疑問も持たずに「歩く」という命令を使ってきたのですが、よく考えると「歩く」という動作は、

1　右足を50cm前に出す
2　左足を50cm前に出す

という2つの命令で構成されるはずです。それなのに「歩く」と書くだけで同じことができるのは、この命令が関数になっているからです。

---

[1]　条件判断構造や繰り返し構造を見直した指示書は、第6章「**4　改訂版：ロボボのお使いプログラム**」（153ページ）を参照してください。

[2]　第3章「**3.1　我が家にロボットがやってきた！**」（53ページ）を参照してください。

改めて説明すると、関数とは、

関数は再利用できる ⊙
ことがメリット

決まった処理を行う命令の集まりに名前を付けて、再利用できるようにしたもの

となります。この説明を頭に置いた状態で、図8-1を参照してください。これは、ロボボが交差点まで歩くときの処理の流れを表したものです。

図8-1

交差点に到達するまで、
歩く

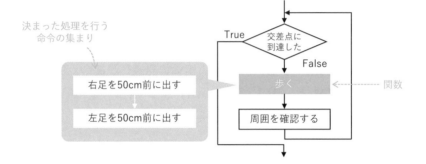

この図の色を塗った部分が**関数**です。「右足を50cm前に出す、左足を50cm前に出す」という決まった処理に「歩く」という名前を付ける——つまり関数にすると、2つの命令を書く代わりに「歩く」と書くだけで同じ処理を実行できるというしくみです。

必要な場面でいつで ⊙
も利用できる

最初の説明で「**再利用**」という言葉が出てきましたが、プログラムの世界では「いつでも好きなときに利用できる」という意味で、この言葉を使います。「交差点に到達するまで、歩く」や「郵便局に到達するまで、歩く」のように、ロボボがどこへでも行けるのは、「歩く」という動作が関数になっているからです。

1.2   関数とは？

ところで、「関数」という言葉、数学で習った記憶はありませんか？ 一次関数、二次関数、三角関数、指数関数、対数関数、周期関数、原子関数、導関数……「もうやめて！」という声が聞こえてきそうですね。数学では関数を表すときに、*function*（関数）の頭文字をとって、

関数の本来の意味 ⊙

y=f (x)

のような数式を書きます。f (x) に入る式によって一次関数や二次関数のよう

に種類が変わるのですが、この式が意味するところは、

xを何らかの規則に従って変換すると、yが求まる

です (図8-2)。これが関数の本来の意味です。

図8-2は関数のイメージを表したものですが、実はこの図とよく似たものを、みなさんはすでに目にしています。覚えていませんか?

図8-2

数学の関数

図8-3の上は、第1章「**1 「情報を処理する」ってどういうこと?**」(15ページ)の説明に使ったものです。y=f(x) の意味とよく似ているでしょう? そして、図8-3の下は、言葉の代わりに「情報」「関数」「結果」という単語を使ったものです。これが、プログラムで使う関数のイメージです。

図8-3

プログラムの関数

引数は関数への入力情報、戻り値は関数の出力情報 ⮕

前項で説明したように、プログラムの関数は「決まった処理 (何らかの加工) を行う命令の集まりに名前を付けたもの」ですが、そこには、図8-3に示したように「情報」を入れることができます。これを**引数**といいます。また、関数は、決められた処理をした結果を出力することができます。関数が出力する結果を**戻り値**または**リターン値**というので覚えておきましょう。

📖豆知識 ロボボの「歩く」関数には引数も戻り値もない？

図8-3の下を見ると、すべての関数が、情報を受け取って処理の結果を出力するように思うかもしれませんが、そうではない関数もたくさんあります。ロボボの「歩く」関数も、そのひとつです。

「歩く」関数——つまり「右足を50cm前に出す、左足を50cm前に出す」という動作は、

50cmの歩幅 ← 入力
足を交互に前に出す ← 処理（演算）
ロボボが前進する ← 結果（出力）

のような構造になっています。「入力→演算→出力」（図8-3の上）のすべてが関数の中で完結しているでしょう？　こういう場合、関数には引数も戻り値もありません。しかし——

プログラムは、いろいろな値を使うことを前提に作るのが基本[*3]です。ロボボの「歩く」関数は歩幅が50cmに固定されていますが、この歩幅を「歩く」関数の引数（入力情報）にすれば、大股でのしのし歩かせたり、逆に小さな歩幅でちょこちょこ歩かせたりすることもできます。その方法については、この後の「**2 関数を定義する**」（200ページ）で説明します。

1.3　関数を使うと便利になること

明日はお弁当を持ってハイキングに行こう！　おにぎりと卵焼き、唐揚げ、そしてブロッコリーとトマトを入れたら彩りもバッチリ！——さて、このお弁当を作るのは、あなたではなくロボボです。どのように命令しますか？

「ロボボのお使いプログラム」のように、最初から最後までをひとつのプログラムにしてもよいのですが、ここでの目的は「関数を使うことで何が便利になるのかを確認すること」です。さっそく見ていきましょう。

■同じ命令を何度も書かずにすむ

まずは「おにぎり」です。ロボボに作ってもらうには、

1　茶碗にごはんをよそう
2　ごはんの中央にくぼみを作る
3　くぼみに梅干しを入れる
4　手水をつける

[*3]　第4章「**1.1　変数とは？**」（71ページ）で説明しました。

5	ひとつまみの塩を両手に広げる
6	茶碗のごはんを手に取る
7	梅干しを包むようにごはんをまとめる
8	形を三角に整える
9	海苔を巻く
10	皿に載せる

と、これだけの命令が必要です。梅干しのおにぎりを1個だけ作るのであれば、これでプログラムは完成ですが、家族全員分、しかも梅干し以外のおにぎりも……となると、

同じような命令を何度も書くのは大変 ➡

1	茶碗にごはんをよそう
2	ごはんの中央にくぼみを作る
3	くぼみに梅干しを入れる
4	手水をつける
5	ひとつまみの塩を両手に広げる
6	茶碗のごはんを手に取る
7	梅干しを包むようにごはんをまとめる
8	形を三角に整える
9	海苔を巻く
10	皿に載せる
11	茶碗にごはんをよそう
12	ごはんの中央にくぼみを作る
13	くぼみに鮭を入れる
14	手水をつける
15	ひとつまみの塩を両手に広げる
16	茶碗のごはんを手に取る
17	鮭を包むようにごはんをまとめる
18	形を三角に整える
19	海苔を巻く
20	皿に載せる
21	茶碗にごはんをよそう
22	ごはんの中央にくぼみを作る
23	くぼみに昆布を入れる
24	手水をつける
25	ひとつまみの塩を両手に広げる

26	茶碗のごはんを手に取る
27	昆布を包むようにごはんをまとめる
28	形を三角に整える
29	海苔を巻く
30	皿に載せる

⋮

と、おにぎりの数だけ同じような命令を書かなければなりません。10個作る
のなら100ステップです。「それなら自分で作ったほうが早い！」といいたく
なりませんか？

関数の最大のメリット ➡
は命令の省力化

　しかし、1個分のおにぎりを作る命令をひとつにまとめて、「おにぎりを作る」
という関数にしておけば、

1	梅干しの「おにぎりを作る」
2	鮭の「おにぎりを作る」
3	昆布の「おにぎりを作る」
4	明太子の「おにぎりを作る」
5	高菜の「おにぎりを作る」

⋮

のように命令することができます。「おにぎりを作る」関数で10ステップ、そ
して具の違う10個のおにぎりを作るために10ステップ、全部で20ステップ
です。また、梅干しのおにぎりだけでいいという場合は、

1	カウンタが0から10未満の間、
2	梅干しの「おにぎりを作る」
3	カウンタを1つ増やす
4	1に戻る

という4ステップで10個できます。これなら、自分で作るよりも、ロボボに
お願いしたほうがよさそうですね。

■プログラム全体の見通しが良くなる

　もう一度、上の2つの指示書を見比べてください。関数を使わないときは何
のおにぎりを何個作るのか最初から最後まで読まないと把握できませんが、「お
にぎりを作る」関数を使った場合には一目でわかるでしょう？

決まった処理を関数にしておくと、プログラムの内容を把握しやすくなります。「決まった処理」は、「おにぎりを作る」のように何度も実行する処理でなくてもかまいません。「卵焼きを作る」や「唐揚げを作る」「ブロッコリーを茹でる」など、今回の「お弁当プログラム」では、一度しか使わない処理も関数にすることができます。

　「一度しか使わないのに、どうしてわざわざ関数にするの？」と思うかもしれませんが、

だらだらと長いプログ ➔
ラムよりも……

1. 茶碗にごはんをよそう
2. ごはんの中央にくぼみを作る
3. くぼみに梅干しを入れる
4. 手水をつける
5. ひとつまみの塩を両手に広げる
6. 茶碗のごはんを手に取る
7. 梅干しを包むようにごはんをまとめる
8. おにぎりの形を三角に整える
9. 海苔を巻く
10. 皿に載せる
11. ボウルに卵を割り入れる
12. ボウルに塩をひとつまみ入れる
13. 卵を溶きほぐす
14. 卵焼き用のフライパンをガステーブルに置く
15. フライパンにサラダ油を大さじ1入れる
16. 点火する
17. フライパンが温まるまで、
18. 　　待つ
19. 　　フライパンの様子を確認する
20. フライパンに卵液の半量を流し入れる
21. 卵が固まるまで、
22. 　　待つ
23. 　　卵の様子を確認する
24. フライパンの奥から手前に卵を巻く
25. フライパンに残りの卵液を流し入れる
　　　　　　　：

のようにすべての手順を書いたプログラムと、関数を使って、

プログラム全体を →
把握しやすい

1 おにぎりを作る
2 卵焼きを作る
3 唐揚げを作る
4 ブロッコリーを茹でる
5 ミニトマトを洗う
6 お弁当箱に詰める

のように書いたプログラム ―― 、どんなお弁当を作るのかわかりやすいのは後者です。

▌間違いの修正や内容の変更が簡単にできる

　想像してください。具の違う10個のおにぎりを作るために100ステップのプログラムを書いて実行したところ、ロボボは途中で動作を止めてしまいました。プログラムのどこかに間違いがあることは確実なのですが、それがどこかを確認するには、プログラムの最初から最後まで、1行ずつ調べなければなりません。これはとても時間がかかりそうです。

メンテナンスが簡単 →

　しかし、「おにぎりを作る」という関数になっていたら、調べるのは関数に書いた10ステップだけです。そこに間違いがなければ、10種類のおにぎりを作るための10ステップ（ 1 梅干しの「おにぎりを作る」／ 2 鮭の「おにぎりを作る」／……）を確認すればすみます。どちらが簡単かといえば、後者ですね。
　また、おにぎりの形を「三角」から「俵型」に変更するときも、関数になっていれば、たった1行、「形を三角に整える」の部分を「形を俵型に整える」にするだけです。これが関数になっていなかったら……、すべての箇所を漏れなく変更するのは大変そうでしょう？

▌使い方さえ知っていれば利用できる

　「おにぎりを作る」関数は、中に入れる「具」を渡すと「おにぎり」ができる。「卵焼きを作る」関数を使うと「厚焼きたまご」ができる。「唐揚げを作る」関数は、「調味料」を渡すと、その味付けの「唐揚げ」ができる ―― 。関数は、その使い方、つまり、

関数は魔法の →
ブラックボックス

- どんな情報を渡すと
- どんな結果を返すか

の2つを知っていれば、関数の中でどのような処理が行われているかを知らなくても利用できます。具体的にいうと、「唐揚げを作る」関数に「調味料」を渡

すと、その味付けの「唐揚げ」ができることさえ知っていれば、詳しい手順を知らなくてもお弁当に唐揚げを入れられる、ということです。関数って便利でしょう？

1.4 標準関数とユーザー定義関数

プログラミング言語が ➡ 持っている関数

どのプログラミング言語にも、たくさんの関数が用意されています。たとえば、第7章ではファイルの扱い方を説明しましたが、このときに使う「ファイルを開く」「ファイルを閉じる」「ファイルからデータを読み込む」「ファイルにデータを出力する」という命令は、必ず関数として用意されています。これらのプログラミング言語に用意されている関数を**標準関数**といいます。

自分で作る関数 ➡

ただ、「標準」という名前が示すように、プログラミング言語に用意されている関数は、一般的によく使われるものばかりです。たとえば、ロボボであれば「歩く」や「握る」は標準関数として用意されていますが、「おにぎりを作る」や「唐揚げを作る」のような特別なものは、自分で作らなければなりません。このように自分で一から作る関数を**ユーザー定義関数**といいます。

自分で関数を作るときは、同じような処理を行う標準関数がないかを、まずは確認してください。もしも標準関数があるならば、それを使うほうが簡単です。それに、標準関数と同じような処理を行う関数を作ることは、お勧めできません。なぜなら、ほかの人がプログラムを見たときに「この関数は何だろう？」「標準関数とどこが違うんだろう？」と考え込むことになるからです。わざわざ時間をかけて一から作るよりも、標準関数をうまく利用して、誰が見てもわかりやすいプログラムを作ることを心掛けましょう。

1.5 命令の実行順序

関数の作り方や使い方は次節以降で説明します。その前に、関数を使ったプログラムの命令の実行順序を確認しておきましょう。第6章[4]で説明したとおり、プログラムに書いた命令は上から順番に、ひとつずつ実行するのが基本です。それを頭に置いたうえで、次ページの図8-4を参照してください。

命令の実行は「上から ➡ 順番に」が原則

左側が関数を使ったプログラムです。上から順番に見ていくと、最初は「梅干しの『おにぎりを作る』」という命令です。ここでプログラムの制御は「おにぎりを作る」関数に移動します。そして、関数の中の命令を上から順番に実行し、

---

[4] 第6章「**1 プログラムの流れは3通り――制御構造**」（122ページ）を参照してください。

最後まで到達したら再びメインのプログラムに戻って、続きを実行します。図8-4の場合は、次の命令が「鮭の『おにぎりを作る』」ですから、再び「おにぎりを作る」関数にプログラムの制御が移動して、そこでの処理を終えたらメインのプログラムに戻って……という順番になります。

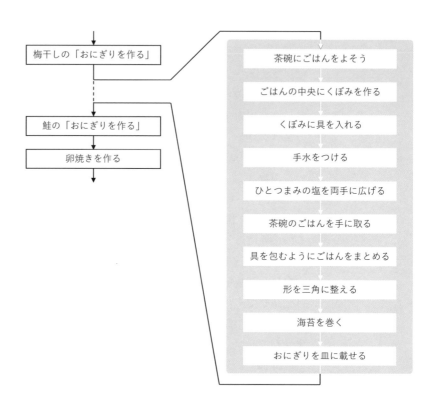

図8-4
関数を使ったプログラム

梅干しの「おにぎりを作る」

鮭の「おにぎりを作る」

卵焼きを作る

茶碗にごはんをよそう

ごはんの中央にくぼみを作る

くぼみに具を入れる

手水をつける

ひとつまみの塩を両手に広げる

茶碗のごはんを手に取る

具を包むようにごはんをまとめる

形を三角に整える

海苔を巻く

おにぎりを皿に載せる

2 関数を定義する

自分で一から関数を作ることを、**関数を定義する**といいます。改めて「定義」という言葉を使うと難しそうなイメージがありますが、関数は「決まった処理に名前を付けたもの」です。普通にプログラムを作ることと何ら違いはありません。

2.1 関数を作るときに決めること

関数を作るときに最初に決めなければならないこと。それは――、

です。当たり前のことですが、ここがはっきりしていなければ何もできません。第3章で「ロボボのお使いプログラム」や「秘密の暗号プログラム」を作ったときも、最初に「何を作るか」をはっきり決めた[*5]でしょう？

自分で関数を → 作るには

関数の目的がはっきりしたら、次の4つを考えてください（図8-5）。最後の「関数の仕事」は、処理の内容を具体的に考えて、日本語の指示書を作る作業です。これまでのプログラムと同じように、できるだけ詳しく、正しい順番で書き出してください。

- 関数の名前
- 関数に入力する情報（引数）
- 関数が出力する情報（戻り値）
- 関数の仕事（具体的な処理）

図8-5

プログラムの関数

▌関数の名前

変数名と同じように、関数の名前も、プログラムを作る人が自由に決めることができます。「おにぎりを作る」のように、関数がどのような仕事をするのかがわかる名前を付けてください。なお、名前の付け方には、プログラミング言語ごとに決まりや慣習[*6]があります。それらの範囲内で、できるだけわかりやすい名前を工夫してください。

▌関数に入力する情報（引数）

引数は関数が → 受け取る値

関数には、処理に必要な情報を渡すことができます。「おにぎりを作る」関数であれば「梅干し」や「鮭」など、おにぎりの中に入れる具が入力情報です。

もちろん、関数を作る段階で、具体的にどのような値が入力されるのかはわかりません。そこで、「入力された値を入れる箱」を用意することになります。

[*5]　第3章「**3.2　仕事の内容を決める**」（54ページ）と「**4.1　プログラムのゴールを決める**」（61ページ）を参照してください。

[*6]　第4章「**1.2　変数名の付け方**」（72ページ）も参照してください。

これが**引数**です。「おや？」と思った方がいるかもしれませんね。実は、「変数」と「引数」は、どちらも「値を入れる箱」です。ただ、関数とそれを利用するプログラムとの間で値の受け渡しに使う変数を「引数」と呼んでいるだけです。なお、ここで用意した引数のことを**仮引数**というので覚えておきましょう。

関数に入力する情報があるときは、その値を入れる引数の名前と、データ型を決めてください。データ型を間違えると正しく情報を受け渡しすることができなくなる[*7]ので注意しましょう。

■関数が出力する情報（戻り値）

戻り値は関数の
処理結果

関数で処理をした結果は、呼び出し元のプログラムに返すことができます。「おにぎりを作る」関数であれば、出来上がった「おにぎり」が戻り値になります。

関数が引数を受け取るときと同じように、関数を呼び出した側のプログラムでは、結果を受け取るために「値を入れる箱」——つまり、変数を用意することになります[*8]。呼び出し側のプログラムが結果を正しく受け取ることができるように、戻り値のデータ型を決めてください。

2.2 関数を作ろう（その1）—— 指定の歩幅で歩く

ここからは関数を作る練習をしましょう。題材は、ロボボの「歩く」関数です。「歩く」関数は、

1 右足を50cm前に出す
2 左足を50cm前に出す

の2つの命令で定義されていますが、これでは50cmの歩幅で歩くことしかできません。もっといろいろな歩幅で歩かせるには、どうすればいいと思いますか？

標準関数は
編集できない

そう、歩幅を自由に変えられるようにすればいいですね。そのための関数を作りましょう。「どうして『歩く』関数を直さないの？」と思うかもしれませんが、「歩く」関数はロボボの標準関数です。標準関数と同じ名前の関数を定義したり、内容を勝手に変更したりすることはできません[*9]。

---

*7 第5章「**1.2 変数に値を入れるときに注意すること**」（91ページ）を参照してください。

*8 この後の「**3 関数を利用する**」（205ページ）で説明します。

*9 標準関数と同じ名前の関数を定義できるプログラミング言語（Pythonなど）もありますが、その場合は標準関数の本来の機能が失われるので注意してください。

　いまから作るのは、いろいろな歩幅で歩くための関数です。処理の内容がわかるような名前を考えてください。入力情報は歩幅です。cm単位であれば整数、m単位であれば実数がよさそうですね。どちらにするかを決めてください。関数の処理は、左右の足を交互に前に出すことです。これでロボボが前進するので、関数から出力する情報はありません。

　以上のことをまとめると、関数の定義は表8-1のようになります。この内容は「指定の歩幅で歩く」関数を利用するときに必要になります。

表8-1
関数の定義

項目	詳細
関数の内容	入力された歩幅で歩く
関数の名前	指定の歩幅で歩く
入力情報	歩幅（整数型）
出力情報	なし

　以下は、関数の仕事内容を書いた指示書です。1行めに関数の名前と、その後ろに( )で囲んで引数の名前を記述してください。2行めからは処理の内容です。このときに字下げをしておくと、関数の中での処理であることがわかりやすくなります。

```
1   指定の歩幅で歩く（歩幅）
2       右足を「歩幅」の分だけ前に出す
3       左足を「歩幅」の分だけ前に出す
```

　「歩く」関数と内容はほぼ同じですが、引数の「歩幅」を使った命令に変えることで、同じ命令を実行しても違う結果が得られるようになります（図8-6）。

図8-6
歩幅が変わると、歩き方が変わる

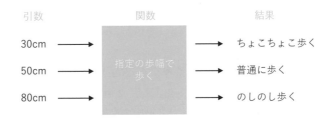

2.3　関数を作ろう（その2）——暗号に変換する

　もうひとつ、今度は処理の結果を返す関数を作ってみましょう。題材は、第

3章で作った「秘密の暗号プログラム」[*10]です。このプログラムは、キー入力されたアルファベット1文字を暗号に変換するプログラムです。もとのプログラムでは変換後の文字を画面に出力するだけでしたが、これを関数の出力情報にしましょう（図8-7）。そうすれば、関数を呼び出した側のプログラムでも、変換後の文字を利用できます。関数の定義は、表8-2を参照してください。

図8-7
文字を入力すると、暗号に変換される

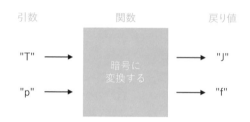

| 引数 | 関数 | 戻り値 |

"T" → 暗号に変換する → "J"

"p" → → "f"

表8-2
関数の定義

項目	詳細
関数の内容	アルファベット1文字を暗号に変換する
関数の名前	暗号に変換する
入力情報	文字（文字列型）
出力情報	変換後の文字（文字列型）

処理の結果を ⮕
返すとき

　　関数での処理は「秘密の暗号プログラム」とほぼ同じです。入力した文字の代わりに、引数を使った命令に変更してください。また、**処理の結果を出力する命令は、関数の最後に書く**のが基本です。いろいろなところで結果を返す──この例でいうと「もしも～」のときと「それ以外」のときのそれぞれで結果を返すと、プログラムがわかりにくくなります。

　　以下は、「暗号に変換する」関数の指示書です。1行めが関数の名前と引数、そして最後の行が関数からの出力──つまり、戻り値を返す命令です。「変換後の文字」は、引数で受け取った「文字」（3行め）、または文字コードをずらした新しい文字（8行め）のどちらかになります。

　　1　暗号に変換する（文字）
　　2　　　もしも「文字」が半角スペースまたはピリオド（.）ならば、
　　3　　　　　「変換後の文字」に「文字」を代入する
　　4　　　それ以外ならば、
　　5　　　　　「文字」の文字コードを調べる

---

*10　第3章「**4.3　秘密の暗号プログラム**」（65ページ）を参照してください。

6	文字コードから10を引く
7	新しい文字コードに対応する文字を調べる
8	「変換後の文字」に新しい文字を代入する
9	「変換後の文字」を返す

　ここでは「関数を作る練習」が目的だったので、引数と戻り値を「 」で囲みました。そのために少し読みにくくなっています[11]が、関数の中では引数や戻り値以外にも、元の文字コードや変更後の文字コードなど、いろいろな情報を使っています。これらを扱う変数は、関数の中で新たに用意してください。それぞれの違いは、この後の「**4　プログラムで使う「箱」を整理しよう**」(209ページ)で改めて説明します。

第8章

3 関数を利用する

　定義済みの関数を利用することを**関数の呼び出し**といいます。ここでは、前節で作った関数を例に説明しますが、標準関数も同じ方法で呼び出すことができます。

3.1 関数の使い方

　関数を使うときは、必ず次の4つを確認してください。当たり前のことですが、どのような処理をする関数で、どのように使うのか、それがわからなければ関数は利用できません。

関数を使うときに
必要な情報
- 関数の内容
- 関数の名前
- 関数の入力情報 (引数)
- 関数の出力情報 (戻り値)

　この4つ、前節で作った関数の定義 (表8-1 ／表8-2) と同じですね。繰り返しになりますが、標準関数でも他の人が作った関数でも、この4つがわかれば、どんな関数でも利用できます。それだけ関数の定義が重要だということです。

---

[11] 第4章「**2.3　箱に値を入れる——代入**」の後の【コラム】(78ページ) を参照してください。

関数を呼び出す方法 ➡ さて、関数を呼び出す方法は、とても簡単です。

変数＝関数名（引数）

このように、代入演算子の左辺に変数名、右辺に関数名とその後ろに引数——つまり、関数に渡す値を ( ) で囲んで記述します。これで左辺の変数に データ型に注意 ➡ は関数の戻り値が代入されるのですが、ここで注意してほしいのは変数のデータ型です。**戻り値と同じデータ型でなければ、処理の結果を正しく受け取ることができません**[*12]。必ず、関数の定義で決められているデータ型の変数で受け取ってください。

たとえば「暗号に変換する」関数であれば、戻り値は文字列型です。文字列型の変数「暗号」を用意して、

暗号＝暗号に変換する（"A"）

のようにすれば、「A」を暗号に変換した文字が「暗号」に代入されます（図8-8）。なお、関数に実際に渡す値ということで、呼び出し側の引数のことを**実引数**というので覚えておきましょう。

図8-8

「A」を暗号に変換すると……

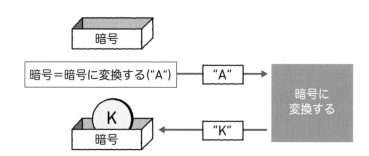

関数の中には「指定の歩幅で歩く」関数のように、戻り値がないものもあります。この場合は、

指定の歩幅で歩く（50）

のように、関数名と引数だけで呼び出すことができます。

また、ロボボの「歩く」関数のように引数も戻り値もない場合は、

歩く（ ）

と書くだけで実行できます。関数名の後ろに引数を囲む ( ) を付けるかどうか

[*12] 第5章「1.2　変数に値を入れるときに注意すること」（91ページ）を参照してください。

は、プログラミング言語ごとに異なります。それぞれの説明書で確認してください。

3.2　値を渡すときに注意すること

引数の個数と順番、→
データ型に注意

　前節で「戻り値とそれを受け取る変数のデータ型は同じにする」という話をしましたが、関数に値を渡すときにも同じような注意が必要です。引数の数や順番、データ型を間違うと、関数は正しく動作しません。

■ 関数に定義されている引数と同じ数の値を渡す

　たとえば「指定の歩幅で歩く」関数には、引数「歩幅」が1つだけ定義されています*13。ここに値を2つ渡すと、コンピュータは2つめの値の扱い方に戸惑って、動作を止めてしまいます。逆に、値を何も渡さなかった場合は、足をどのくらい前に出せばよいのかがわからないので、動くことができません。

　このように、関数を定義したときに決めた引数（仮引数）の個数と、関数を実行するときに渡した引数（実引数）の個数が異なるときは、プログラムを実行する段階でプログラミング言語が「引数の個数が違うよ！」と教えてくれる*14ので、この間違いには簡単に気づくことができます。

■ 関数に定義されている引数と同じ順番で値を渡す

　問題は、引数の数が同じでも、その順番を間違えたときです。たとえば「整数」「実数」の順番で引数を受け取るように定義した関数に「実数」「整数」の順に値を渡すとどうなると思いますか？

　プログラミング言語の中には「データ型が違うよ！」と教えてくれるものもありますが、そうでない場合は、実数を渡したつもりでも、関数の中では小数点以下が失われています。その結果、たとえ関数の中での処理に間違いがなくても、「なんだか答えがおかしい……」ということになってしまいます。

　このような間違いを防ぐためにも、関数を利用する前に必ず関数の定義を確認するようにしましょう。何度か利用しているうちに、関数の使い方は自然に覚えられます。

---

*13　「**2.2　関数を作ろう（その1）──指定の歩幅で歩く**」の表8-1（203ページ）を参照してください。

*14　引数の個数は、プログラミング言語から機械語に翻訳する段階でチェックされます。**機械語**については、第2章「**3.3
プログラミング言語って何？**」の【コラム】（44ページ）を参照してください。

関数を実行するときは、値を代入した変数を、引数にすることもできます。たとえば、stepという名前の変数に50[cm]という歩幅が入っているときは、

指定の歩幅で歩く（step）

引数の渡し方は2通り ⟶ で、関数に情報を渡すことができるのですが、その方法には**値渡し**と**参照渡し**の2通りの方法があります。どちらの渡し方を基準にしているかはプログラミング言語によって異なりますが、**参照渡しの場合は、呼び出し元で使っていた変数の値が関数の中で書き換えられる**ので、注意しなければなりません。

▌値渡し

値そのものを ⟶ 名前が示すとおり、関数に値を渡す方法です（図8-9）。この場合、関数の中渡す方法　　では新しい箱（仮引数）を用意して、そこに値が代入されます。そのため、関数の中で仮引数（図8-9では「歩幅」）の値を変更しても、元のstepの値が変更されることはありません。

図8-9
値渡しのイメージ

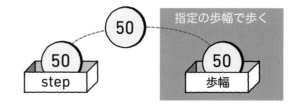

▌参照渡し

値の入った箱ごと ⟶ 参照渡しは、値を入れた箱をそのまま渡すイメージです（図8-10）。この場合、渡す方法　　関数の中では仮引数の名前（図8-10では「歩幅」）を使いますが、箱自体は元のstepと同じです。そのため、関数の中で値を変更すると、元のstepの値も更新されるので注意してください。

配列を渡すときは ⟶ なお、第7章で説明した配列を関数に渡す場合は、必ず参照渡しになります。要注意！　　関数の中で配列の要素を変更すると、関数を実行する前と後とで配列の内容が変わるので注意してください。

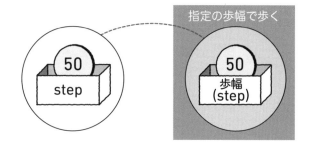

図8-10
参照渡しのイメージ

指定の歩幅で歩く

50
step

50
歩幅
(step)

4 プログラムで使う「箱」を整理しよう

箱で考えると……　　ここまで見てきたように、プログラムで使う値は「箱」に入れて扱うのが基本ですが、その「箱」は宣言した場所や宣言に使う命令によって、利用できる範囲[15] が変わります。――変数、引数、戻り値……など「箱」の種類を覚えるだけでも大変なのに、さらに頭が混乱しそうですね。

　図8-11は、プログラム全体のイメージです。関数とそれを呼び出すプログラムは、全体で見ると、別の「箱」に入っているイメージです。「プログラムの箱」の中で宣言した変数は、その箱の中でしか利用できません。

図8-11
プログラム全体の
イメージ

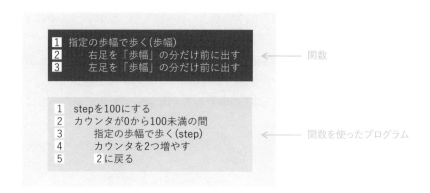

```
1  指定の歩幅で歩く(歩幅)
2      右足を「歩幅」の分だけ前に出す
3      左足を「歩幅」の分だけ前に出す
```
→ 関数

```
1  stepを100にする
2  カウンタが0から100未満の間
3      指定の歩幅で歩く(step)
4      カウンタを2つ増やす
5      2に戻る
```
→ 関数を使ったプログラム

4.1 「箱」の種類

　次ページの表8-3は、第4章からここまでに出てきた「箱」の呼び名と、そ

---

[15] これを**有効範囲**や**スコープ**のように呼びます。スコープ (scope) は「行動の範囲」や「知覚できる範囲」という意味です。

箱の呼び方で
役割がわかる ➔ の役割をまとめたものです。いろいろありましたね。この中の関数以外は、ど
れもプログラムで使う「値を入れる箱」*16 です。そう考えると、すべて「変数」
と同じものなのですが、呼び方が決まっていないと何かと不都合が生じます。
たとえば「配列」という言葉がなかったら、

同じ用途で使う値で、データ型が同じものを、まとめて入れる変数

のようにいわなければならないでしょう？ 呼び方が決まっていれば「配列」
や「引数」という言葉だけで、その役割がわかります。この先もプログラミン
グを勉強するという人は、表8-3を覚えておくとよいでしょう。

	名前	役割
表8-3	変数	プログラムで使う値を入れる箱
「箱」の種類	配列	同じ用途で使う値で、データ型が同じものをまとめて入れる箱
	構造体	同じ用途で使う値で、データ型が異なるものをまとめて入れる箱の設計図
	引数	関数とプログラムとの間で情報の受け渡しに使う
	仮引数	関数が受け取った値を入れる箱（関数側で使う）
	実引数	関数に渡す値（関数の呼び出し側で使う）
	戻り値	関数が出力する値
	関数	決まった処理のまとまり

　さて、この本には、もうひとつ、プログラムを終了しても残しておきたい情
報を入れる箱として**ファイル***17 が出てきました。ファイルには、写真や画像、
音声、数値、文字など、あらゆる種類のデータを保存できます。そして、プロ
グラミング言語で書いたプログラムも、最後はファイルに保存します。もう一
度、図8-11を参照してください。全体を囲むいちばん大きな箱が「ファイル」
です。

---

*16　構造体は、構造体型の変数を宣言したときに値を入れる箱ができます。詳しくは、第7章「**3.3　構造体の使い方**」
（182ページ）を参照してください。
*17　第7章「**4　大事なデータを保存する──ファイル**」（185ページ）を参照してください。

プログラムを保存したファイルの呼び方　COLUMN

プログラミング言語で書いたプログラムは、コンピュータが理解できる機械語に翻訳して初めて実行できます。その機械語の源（*source*；ソース）になることから、プログラミング言語で書いたプログラムのことを**ソース**または**ソースコード**[*18]、それを保存したファイルを**ソースファイル**といいます。

プログラムを保存したファイルには、ほかに**ライブラリ**や**モジュール**と呼ばれるものもあります。「図書館（*library*）」や「部品の集まり（*module*）」という意味から想像できるように、これらはプログラミング言語に用意されている標準関数を、目的別に保存したファイルです。どのようなライブラリがあるかは、プログラミング言語の説明書で確認してください。

4.2 「プログラムの箱」の中だけで使える変数――ローカル変数

図8-12は、図8-11に示した「プログラムの箱」です。これを**ブロック**[*19]と呼ぶことにしましょう。命令の中で色を塗った部分は、それぞれのブロックで使っている変数[*20]です。図8-12の指示書には書かれていませんが、それぞれの変数が最初に出てきたところで変数の宣言が行われているものとします。

図8-12
ローカル変数

関数を使ったプログラム

```
stepを100にする
カウンタが0から50未満の間
    指定の歩幅で歩く(step)
    カウンタを1つ増やす
    2に戻る
```

関数

```
指定の歩幅で歩く(歩幅)
    右足を歩幅の分だけ前に出す
    左足を歩幅の分だけ前に出す
```

特定の範囲だけで使える

ブロックの中で宣言した変数は、そのブロックの中だけで利用できる変数です。左側のプログラムであれば「step」と「カウンタ」が、このプログラムで利用できる変数です。「指定の歩幅で歩く」関数の「歩幅」を使ったり、「歩幅」の値を変更したりすることはできません。反対に「指定の歩幅で歩く」関数で使えるのは「歩幅」だけです。「step」や「カウンタ」を使うことはできません。

このように、それぞれのブロックの中だけで利用できる変数を**ローカル変数**

---

*18 コード（*code*）は「記号」という意味ですが、ここにはアルファベットや数字も含まれます。

*19 どこを「ブロック」と呼ぶか、明確な決まりはありません。関数やプログラムのまとまりを指して「ブロック」という場合もあれば、条件判断構造や繰り返し構造を指して「ブロック」と呼ぶこともあります。

*20 厳密にいえば、関数の中で定義されている「歩幅」は「仮引数」と呼ぶのが正しいのですが、引数は関数が受け取った「値を入れる箱」ですから、変数の仲間です。

といいます。**プライベート変数**のように呼ぶプログラミング言語もあります。ローカル（*local*）は「特定の場所の」、プライベート（*private*）は「自分用の」という意味です。

■ **4.3** **プログラム全体で使える変数 —— グローバル変数**

自分用の変数があるのなら、みんなが使える変数もあると思いませんか？ここでいう「みんな」とは「プログラム全体で」という意味です。このような変数を**グローバル変数**といいます。**パブリック変数**と呼ぶプログラミング言語もあります。グローバル（*global*）は「広範囲の」、パブリック（*public*）は「公衆の」という意味です。

プログラムのどこからでも使える変数 ➡

ブロックの外側で宣言した変数は、プログラムのどこからでも利用できるグローバル変数です。図8-13では「名前」がグローバル変数です。このプログラムをロボボに与えると、ロボボは、

> たろう、おはよう
> たろう、Good Morning
> たろう、Bonjour

の順番に話します。

図8-13
グローバル変数

基本的にグローバル変数は、プログラムの中のどこからでも値を参照したり、更新したりすることができますが、中には更新のために特別な命令が必要にな

るプログラミング言語[21] もあります。詳しくはプログラミング言語の説明書で確認してください。

プログラムを書く順番 COLUMN

　さきほどロボボが話した3つの言葉は、図8-13の最後の3つの命令を実行した結果です。「そんなに大事な命令を、どうしてプログラムの最後に書くの?」と思いませんか?　内容が同じなら、図8-14のように、ロボボにしてほしいことを先に書いてもいいような気がします。

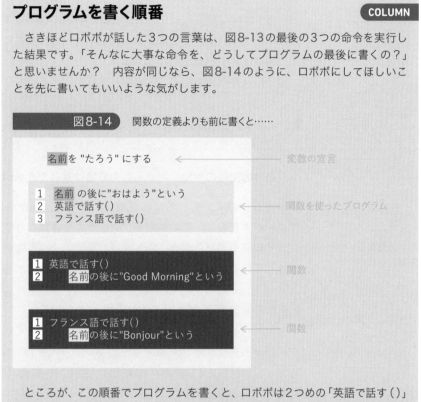

図8-14　関数の定義よりも前に書くと……

```
名前を "たろう" にする                          ← 変数の宣言

1  名前 の後に"おはよう"という
2  英語で話す( )                                ← 関数を使ったプログラム
3  フランス語で話す( )

1  英語で話す( )
2  名前の後に"Good Morning"という                ← 関数

1  フランス語で話す( )
2  名前の後に"Bonjour"という                     ← 関数
```

　ところが、この順番でプログラムを書くと、ロボボは2つめの「英語で話す( )」の意味がわからずに、動くことができないのです。みなさんも、いきなり「あれ、やっといてね」といわれても、「あれ」が何かわからなければ、どうすることもできないでしょう?　それと同じです。
　プログラミング言語の中には命令の順番を気にしないものもありますが、そうでない場合は、関数の定義を先に書くのが基本です。そうすれば、コンピュータはプログラムに書かれている命令を上から順番に実行するので、ロボボにも「英語で話す( )」がどういう作業なのか、ちゃんと伝わります。

---

[21]　Pythonは、関数の中でグローバル変数を更新することを明示的に宣言する必要があります。

[22]　「アイコンをタップしたときに実行する」「スライダを動かしたときに実行する」のようなプログラムを作る場合は、順番を気にする必要はありません。

ここまで見てきたように、変数は、宣言する場所で利用できる範囲が決まります。また、宣言時に使う命令で、変数の有効範囲が変わるプログラミング言語もあります。詳しくはプログラミング言語の説明書で確認してください。一般的に、ブロックの中で宣言した変数はローカル変数、ブロックの外で宣言した変数はグローバル変数になります。

最後に注意点を確認しておきましょう。

■ひとつの有効範囲の中で、同じ名前は使用できない

「有効範囲」というと難しくなってしまいますが、要するに、

ひとつの関数の中で、同じ名前の変数は宣言できない

ということです。同じ名前の変数があったら区別がつかなくなるでしょう？グローバル変数は、その範囲がプログラム全体になります。

別々の関数なら同じ ➔
変数名が使える

有効範囲が異なる場合、たとえば「関数A」と「関数B」の2つの関数を作るときは、それぞれの関数の中で変数に同じ名前を付けても問題ありません。

■変数の有効範囲がわかるような名前を付ける

グローバル変数と同じ名前の変数を、関数の中でも宣言できるプログラミング言語がありますが、そうすると、プログラムを作っている自分自身が「どっちだ？」と迷うことになりかねません。**グローバル変数とローカル変数には、別の名前を付けるべき**です。

グローバル変数に ➔
目印を付ける

この混乱を避けるために、ローカル変数は「answer」、グローバル変数は「g_answer」のように、グローバル変数の先頭に「g_」のような決まった文字列を付ける方法があります。これならば、似たような変数が出てきても「どっちだ？」と迷うことはありませんね。

■グローバル変数を利用するときは細心の注意を払う

グローバル変数は、プログラムのどこからでも利用できる、とても便利な変数です。その代わり、

どこで値が更新されたのかが非常にわかりにくい

という欠点があります。たとえば「関数A」で100を入れたはずなのに、思わぬところでその値が更新されていて、いざ計算に使ってみたら結果がおかしい……ということが起こる可能性があります。便利だからといって気軽に使うの

ではなく、関数との間で情報をやり取りするときは、引数と戻り値を使うようにしましょう。

「どうしてもグローバル変数でなければ」という場合は、どこでどのような使い方をするのかをきちんと把握しながらプログラムを作成してください。変数名の先頭に「g_」を付けてグローバル変数を意識することも、間違いを未然に防ぐのに役立ちます。

5 改訂2版：ロボボのお使いプログラム

同じような命令を繰り返している箇所は関数にできる

第6章の終わりに載せた「改訂版：ロボボのお使いプログラム」。全部で88ステップですが、改めて見ると、

> **道路を渡るとき**
> **「どこか」に向かって歩くとき**
> **お金を払うとき**

に同じような命令を繰り返していますね。こういう場合は、関数にできないか検討しましょう。

違うところを引数にする

まずは、道路を渡るときです。信号があるときは信号を確認する、信号のない交差点ではクルマが来るかどうか左右を確認する──道路を渡るときの違いは、この2つです。信号が「ある／ない」のどちらかで渡り方が変わるので、これを関数の入力情報にすれば、ひとつの関数にまとめられそうです。また、「ある／ない」のどちらかを表すには、論理型が利用できます（表8-4）。

「どこか」に向かって歩くときは、目的地が違うだけです。郵便局とドラッグストアでお金を払うときも同様です。違うのは金額だけで、それ以外の処理は同じです。それぞれ「目的地」と「金額」を引数にしましょう（次ページの表8-5、表8-6）。なお、これらの関数を実行したとき、結果はロボボの動作として表れます。関数からの出力情報はありません。

表8-4

道路を渡るとき

項目	詳細
関数の内容	信号の有無を確認して道路を渡る
関数の名前	道路を渡る
関数の入力情報	信号の有無（論理型）
関数の出力情報	なし

項目	詳細
関数の内容	指定の場所まで歩く
関数の名前	目的地まで歩く
関数の入力情報	目的地（文字列型）
関数の出力情報	なし

表8-5
「どこか」に向かって歩くとき

項目	詳細
関数の内容	指定の金額を払う
関数の名前	会計をする
関数の入力情報	金額（整数型）
関数の出力情報	なし

表8-6
お金を払うとき

　日本語の指示書は以下のとおりです。関数を利用することで、「ロボボのお使いプログラム」は全部で48ステップになりました。

関数① → ▌「道路を渡る」関数

1　道路を渡る（信号あり）
2　　もしも「信号あり」ならば、
3　　　信号を確認する
4　　　もしも信号が青でなければ、
5　　　　信号が青になるまで、
6　　　　　待つ
7　　　　信号を確認する
8　　そうでなければ、
9　　　左右を確認する
10　　　もしも左または右から車が来たら、
11　　　　車が通りすぎるまで
12　　　　　待つ
13　　　　左右を確認する
14　　道路を渡る

関数② → ▌「目的地まで歩く」関数

1　目的地まで歩く（目的地）
2　　「目的地」に到達するまで
3　　　歩く
4　　周囲を確認する

関数③ ➡ ■「会計をする」関数

1　会計をする（金額）
2　　「金額」以上のお金を財布から出す
3　　お金を払う
4　　もしもおつりがあれば、
5　　　おつりを受け取る
6　　　財布におつりを入れる

関数を利用することで ➡ ■ロボボのお使いプログラム
プログラムはすっきり！

1　小包を持つ
2　財布を持つ
3　傘を持つ
4　玄関を出る
5　傘をさす
6　南を向く
7　目的地まで歩く（交差点）
8　道路を渡る（信号あり）
9　西を向く
10　目的地まで歩く（郵便局）
11　傘を閉じる
12　郵便局に入る
13　窓口に小包を渡す
14　会計をする（金額）
15　郵便局を出る
16　傘をさす
17　北を向く
18　道路を渡る（信号あり）
19　目的地まで歩く（ドラッグストア）
20　傘を閉じる
21　ドラッグストアに入る
22　空の買い物カゴを持つ
23　トイレットペーパーの棚を探す
24　8ロールのトイレットペーパーを探す
25　もしも8ロールのトイレットペーパーがあれば、
26　　8ロールのトイレットペーパーを棚から1つ取る
27　　買い物カゴに入れる

28　それ以外なら、

29　　　４ロールのトイレットペーパーを探す

30　　　もしも４ロールのトイレットペーパーがあれば、

31　　　　　４ロールのトイレットペーパーを棚から１つ取る

32　　　　　買い物カゴに入れる

33　もしも買い物カゴにトイレットペーパーが入っていたら、

34　　　レジに行く

35　　　会計をする（金額）

36　それ以外なら、

37　　　買い物カゴを返す

38　ドラッグストアを出る

39　傘をさす

40　東を向く

41　目的地まで歩く（交差点）

42　道路を渡る（信号あり）

43　南を向く

44　目的地まで歩く（交差点）

45　道路を渡る（信号なし）

46　目的地まで歩く（家）

47　傘を閉じる

48　玄関から家に入る

第**9**章

日本語から
プログラミング言語へ

私たちの暮らしをあらゆる場面で支えているコンピュータ。複雑な仕事をしているように見えますが、本当は、ここまでに見てきた簡単な命令の積み重ねで動いています ——と いわれても、実際にプログラムを作ったことがなければ、イメージできなくて当然です。

ここまで読み進めてきたみなさんには、本物のプログラムを作るための基礎ができています。ここで立ち止まるのはもったいない。ぜひ、次への一歩を踏み出してください。この章は、そのための道標です。

1 プログラミング言語の選び方

種類が多すぎて ➡
わからない

　プログラミングを始めようとしたとき、真っ先に困るのが「プログラミング言語の種類がありすぎて、どれを選べばいいかわからない」ということです。本当はそれぞれに特徴があるのですが、「初めて勉強するのに違いがわかるわけないじゃない」といいたくなるのも当然です。学校や職場で指定された言語があるのなら話は別ですが、そうでない場合は「何をしたいか」を基準に選ぶのもひとつの方法です。

1.1 プログラムが動く楽しさを体験したい

　将来プログラミングの道に進むかどうか、いまはまだ決めていないけれど、自分で作ったプログラムが動くのを見てみたい！——そういう場合は、手軽に始められるプログラミング言語を選びましょう。

プログラミングに ➡
必要な道具

　プログラムを作って動かすには、

① プログラミング言語でプログラムを書くためのプログラム
② 人間が書いたプログラムを、コンピュータが理解できる0と1の命令に
翻訳するプログラム

③ プログラムを実行する環境

の3つが必要です。これらを準備してプログラミングができる状態にすることを**開発環境を整える**や**開発環境を構築する**といいます。言葉が持つイメージから「なんだか大変そうだな……」と気が重くなってきたかもしれませんが、その準備をいっさいせずにプログラミングを始める方法があります。

子どもにも ⮕
人気の言語

図9-1は、Scratch（スクラッチ）というビジュアル型のプログラミング言語です。命令が書かれたブロックを並べてプログラムを作ることから**ブロックプログラミング**と呼ばれています。これまでに作ってきた日本語の指示書とよく似ているでしょう？　画面上のネコをロボボと見立てて命令すれば、その結果をネコの動きで確認できます。

Scratchは Web上で利用できるプログラミング言語です。「いますぐプログラムを作って動かしたい」という人は、下記のサイトにアクセスして試してみるとよいでしょう。

https://scratch.mit.edu/

図9-1 Scratch

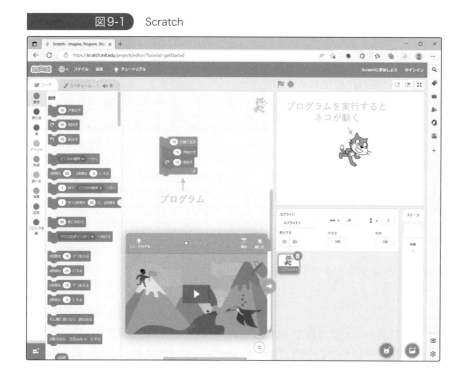

パソコンに入っている ⊕
なら使ってみたい

また、Microsoft Excelを使用している人は、VBA（*Visual Basic for Applications*）というプログラミング言語が利用できます（図9-2）。本来はExcelでの操作を自動化するためのものですが、開発環境を整える作業が必要ないことから、「プログラミングがどういうものか、雰囲気を味わってみたい」という人にはうってつけの言語です。

ExcelでVBAを利用するには［**オプション**］メニューから「**リボンのユーザー設定**」ー「**開発**」を選択してください。開発用のタブが新たに追加されるので、そこから「**Visual Basic**」を選択すると、プログラムを作成できるようになります。

図9-2 Excel VBA

1.2　プログラミングを勉強したい

「本格的にプログラミングを勉強したい」という人は、開発環境を整えるところから始めましょう。プログラミング言語の中には、誰もが自由に利用できる**オープンソース**という形で公開されているものがあります。これらのプログラミング言語の多くは、開発環境をインストールするためのプログラム（インストーラ）が配布されているので、それを利用すれば簡単に開発環境を整えることができます。

プロも使っている → 代表的な言語

たとえば、Python というプログラミング言語であれば、下記のサイト[1]からインストーラをダウンロードするのがお勧めです。

https://www.anaconda.com/products/distribution

これを利用すると、いつも使っているブラウザ上でプログラムを編集して実行できます（図9-3）。また、Pythonの標準関数[2]のほかに、グラフ描画や統計処理、AIの開発に使うプログラムも多数入手できます。手軽に開発環境を構築できるうえ、やりたいことを短い命令で形にできるという点で、Pythonはプログラミングの入門者だけにとどまらず、大手IT企業のシステム開発に利用されるほど大人気の言語です。

図9-3

Python

1.3　スマートフォンのアプリを作りたい

「スマホのアプリを作るために、プログラミングを勉強したい」という場合は、スマートフォンのOS別に専用の開発環境が必要です。

Androidスマホ用の → アプリを作るなら

Android用のアプリを作るときは、Android Studio という開発環境を使用します。プログラミング言語は、Java またはKotlin のどちらかを選択してください。

---

[1]　Anaconda Distribution。ディストリビューションは「配布形態」という意味です。
[2]　第8章「**1.4　標準関数とユーザー定義関数**」（199ページ）を参照してください。

https://developer.android.com/studio/install?hl=ja

しかし、Android Studioを使う場合には、必ずスマートフォンの操作画面を作らなければなりません（図9-4）。その分、プログラムも複雑になるため、プログラミングの学習用として使用するのはお勧めできません。まずはPythonのようにプログラムだけに集中できる開発環境で、プログラミングの基礎をしっかり身につけましょう[*3][*4]。Androidアプリの開発はそれからです。

図9-4 Java（Android Studio）

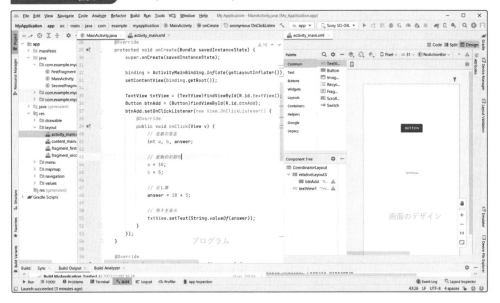

iPhone、iPad用のアプリを作りたいなら → iOS用のアプリを作るのであれば、MacOSが動くパソコンが必要です。開発環境はXcode、プログラミング言語はSwiftになります。

https://developer.apple.com/jp/xcode/resources/

もちろん、iOS用のアプリもスマートフォンの操作画面が必要ですが、Xcodeには学習用のプロジェクトを作る機能（Playground）が備わっています（次ページの図9-5）。最初はこの機能を利用してSwiftでのプログラミングをしっかり身につけ、それからアプリ開発に進みましょう。

---

*3　この後の「**2.1　ひとつの言語をしっかりマスターする**」（224ページ）も参照してください。

*4　開発環境の構築や使い方が少し複雑になりますが、「Javaを学びたい」というときはEclipse（エクリプス）という開発環境を利用できます（https://www.eclipse.org/downloads/）。

図9-5 Swift Playground (Xcode)

2 これからの勉強のしかた

　新しいことを身につけるときに大切なこと。――それは「おもしろい」という気持ちを持ち続けることです。小さかった頃のことを思い出してください。逆上がりができたとき、ボールを遠くまで投げられるようになったとき、ピアノが上手に弾けたとき、ゲームで高得点を取ったとき……。何かができるようになったら嬉しかったでしょう？　そして、もっとがんばりたいと思いませんでしたか？

勉強を続ける秘訣 ⮞　プログラミングを勉強していて同じような気持ちになるのは、「作ったプログラムが動いたとき」です。それはわかるけど……「どこから、どう手をつけたらいいの？」と不安や戸惑いを感じているかもしれませんね。この本を卒業して新しい道を歩き出したみなさんが途中で立ち止まることなく勉強を続けられるように、そして確実にプログラミングの力をつけられるように、最後にちょっとした秘訣をお教えしましょう。

2.1 ひとつの言語をしっかりマスターする

　世の中には複数のプログラミング言語を自在に操る人がたくさんいますが、その人たちに憧れて最初からあれもこれもと手を広げるのはお勧めできませ

ん。まずは、ひとつの言語に絞ってプログラミングの基礎を習得しましょう。ここでいう「基礎」とは、

プログラミングの
勉強で大切なこと →

- 「プログラムには何を、どのように書けばよいのか」という、プログラムを作るための考え方
- 変数や条件判断構造、繰り返し構造など、プログラミングに欠かせない知識
- プログラムの書き方や、作ったプログラムを実行する方法

の3つです。最初の2つはこの本で説明してきたことですから、みなさんの頭の中にイメージはできていると思います。そのイメージに間違いはなかったか、実際にプログラムを作りながら確認することで、さらに理解を深めてください。

　3つめの「プログラムの書き方」は、プログラミング言語ごとに定められたルールに従いプログラムを書くことです。このルールを**文法**や**構文**のようにいいます。これは、出てきた順番に、ひとつずつ覚えるしかありません。

まずはひとつの言語を →
マスターすること

　最初の言語を習得するには時間もかかるし、たくさんの苦労もあると思います。もしかしたら、なかなか思うようにプログラムが動かずに、途中で投げ出したくなるかもしれません。また、別のプログラミング言語に浮気したくなることがあるかもしれませんが、そこはぐっと我慢です。人間の言葉と違って、プログラミング言語には、種類が違っても共通する部分がたくさんあります。そのため、ひとつの言語をしっかり身につければ、2つめの言語を覚えるのは意外と簡単です。いろいろなプログラミング言語を使いこなせるようになりたいのならば、とにかくひとつの言語を徹底的に勉強しましょう。たくさんのプログラミング言語を自在に操る人も、そうやって、ちょっとずつ使える言語を増やしてきたのです。

2.2　日本語の指示書から始めてみる

　プログラミングの勉強を始めて、いちばん困ること。それは「何を作ればいいのかわからない」「作りたいものがない」ということです。実は、かつての私がそうでした。プログラミングの勉強をしようと思ってパソコンに向かってみたけれど、さて何を作ろう？　参考書も買ってきた。1冊通してサンプルも実行したけれど、さて、これから何をしよう？──それを繰り返していたように思います。そして、たどり着いた答えが、

プログラミングを習得するには、はっきりとした目的が必要だ

という単純なことです。

　この本では、日本語の指示書を通じて「プログラムには何を、どのように書けばよいのか」を見てきましたが、以下に示したものは近未来の話ではなく、いまのコンピュータで動かすことを想定して作っています。

プログラミング言語に ➡
翻訳できる指示書

- **秘密の暗号プログラム（1文字）：**
    第3章「4.3　秘密の暗号プログラム」（65ページ）
- **足し算プログラム：**
    第4章「2.2　箱の中を掃除する──初期化」（76ページ）
- **平均値を求めるプログラム（変数）：**
    第7章「1.3　配列を使うと便利になること」（162ページ）
- **平均値を求めるプログラム（配列）：**
    第7章「1.3　配列を使うと便利になること」（162ページ）
- **秘密の暗号プログラム（複数文字）：**
    第7章「1.6　文字列型の変数と配列」（168ページ）
- **秘密の暗号プログラム（関数）：**
    第8章「2.3　関数を作ろう（その2）──暗号に変換する」（203ページ）

　これらを実際にプログラミングしてみませんか？　最初はプログラムの書き方がよくわからないので難しいかもしれませんが、日本語の指示書をプログラミング言語に翻訳して、それが実際に動いたときの感動は格別です。

　ただし、注意してほしいことが、ひとつだけあります。それは、

最初から欲張らないこと

です[*5]。プログラミングに慣れていない間は命令の書き方を間違えたり、単純な入力ミスをするのが普通ですが、その間違いを見つけるのも最初は一苦労です。ようやく気がついて修正したのに、今度は別のところが間違っていて……。プログラムが動くまでは、この繰り返しです。いつまでたってもプログラムが完成しなかったら、やがて嫌になって、やめてしまいたくなるでしょう？

勉強は段階を踏んで、➡
ひとつずつ

　そうならないように、日本語の指示書をプログラミングに翻訳する順番を決めておきましょう。最初は「足し算」です。変数aに10、変数bに5を代入して「a＋b」の答えを画面に表示するところから始めてみましょう。それができたら「足し算に使う2つの値をキーボードから入力する」、次は「変数を使って平

[*5]　第3章「**3.2　仕事の内容を決める**」（54ページ）と「**4.1　プログラムのゴールを決める**」（61ページ）を参照してください。

均値を求める」、そして「配列を使って平均値を求める」、さらに「配列の要素数を増やす」……の順番にプログラミングしてみましょう。もちろん、配列や繰り返し構造など、わからない場面に遭遇したときは、それぞれの章[*6]に戻って確認してください。この5つのプログラムが動いたら「数値データを使ったプログラムは作れる！」と胸を張っていえるレベルに到達です。

また、文字列を扱うプログラムは「秘密の暗号プログラム」で練習できます。「アルファベット1文字」[*7]の変換ができたら、「複数文字」の変換を、それができたら最後は「関数」を作るところまでチャレンジしてみましょう。全部のプログラムが動いたら、みなさんは、もう何でもプログラミングできるだけの力がついています！

思いついたことは ➡
とても大事！ 日本語の指示書をプログラミング言語に翻訳していると、「もっとこうしたほうがいいな」とか「こんなことはできないかな？」と、いろいろ思いつくことがあると思います。その思いつきは、とても大切です。忘れないようにきちんとメモを残しておいて、いま作っているプログラムが動いたら、次はその「思いつき」をプログラムに反映させましょう。この作業を繰り返しているうちに、プログラミングの力は必ず身につきます。

2.3 命令の調べ方

日本語の指示書をプログラミング言語に翻訳するときに困ること。それは、おそらく「どのような命令があるかがわからない」ということです。初めてプログラミング言語を学ぶのですから当然なのですが、ここがわからなければ先に進めませんね。

この章の「1　プログラミング言語の選び方」（219ページ）で紹介した言語のうち、Excel VBAには「ヘルプ」メニュー、それ以外のプログラミング言語ではそれぞれのWebサイトでチュートリアル（説明書）が公開されています。また、世の中にはプログラミング言語の入門書や解説書がたくさんあります。わからないことがあったら、これらを利用しましょう。

困ったときの調べ方 ➡ 「そんなことをいったって、何もわからないのにどうやって調べるの？」と思うかもしれませんが、標準関数も含めてプログラミング言語で使われる命令は、ごく簡単な英単語をもとに構成されています。たとえば、キーボードから

[*6]　配列は第7章「1　同じ種類のデータを並べて入れる——配列」（157ページ）を、繰り返し構造は第6章「3　同じ道を何度も通る——繰り返し構造」（139ページ）を参照してください。

[*7]　第4章「2.3　箱に値を入れる——代入」の後の【コラム】（78ページ）に、変数を使った日本語の指示書があります。

文字を入力する命令は「入力する」という意味の input、画面に文字を出力する命令は print などがよく利用されます。また、条件判断構造を作る「もしも〜」は if、回数を指定して繰り返す場合は for[8] が使われます。どの命令も英語の意味とよく似たことに使われているでしょう？

どのような命令があるかわからない場合は、自分がやりたいことが何かを考えて、それを英語にしてみましょう。たとえば、文字列の長さ（文字数）を調べる[9]方法を知りたいときは、「長さ」を英語に置き換えると「length」です。次にヘルプやチュートリアル、書籍の索引で「l」から始まる命令を探すと、「length」や「len」などの命令が見つかるはずです。

「そんな面倒なことをしなくても、インターネットで検索すればいいじゃない？」というのも、もっともな意見です。その場合は、検索に使うキーワードを工夫しましょう。「文字列の長さ」や「文字数を調べる」だけでは、なかなか目的のものにたどり着きません。必ずプログラミング言語の名前もキーワードに含めて検索[10]しましょう。

インターネットを利用 ⊙ するときの心構え

ただ、インターネットは便利な反面、情報の出所や内容に不確かなものがあることを忘れてはいけません。プログラミング言語の公式サイトが公開しているチュートリアルであれば問題ありませんが、そうでない場合は、どれが正解でどれが間違いかを判断するのはとても難しいことです。ひとつのサイトの情報に頼るのではなく、必ず複数のサイトを見比べるようにしましょう。

情報の正確さを見極める力は必要ですが、世界中から情報が集まるインターネットは「知りたい」と思ったときに利用できる便利なツールです。お手本になるプログラムもたくさん公開されているので、うまく活用してプログラミングの学習に役立ててください。ただし、公開されているプログラムには著作権がある場合があります。引用や出典を明らかにするなど、使用の際には配慮が必要な場面があることも覚えておきましょう。

---

[8]　前置詞 for は、期間や範囲を表すときにも使われます。

[9]　複数の文字を秘密の暗号に変換するプログラム（第7章「1.6　文字列型の変数と配列」の【コラム】（170ページ）を参照してください）で使用します。

[10]　第5章「5.5　論理否定と排他的論理和」の【豆知識】（119ページ）を参照してください。

第10章 情報を整理する力

　2つの数を使った「足し算プログラム」が完成した場面を想像してください。ワクワクしながら「10＋5」を計算しようとして「100」と「5」を入力したらどうなるでしょう？　答えが「15」になることを予想していたのに、コンピュータが出した答えは「105」です。あなたは、この結果をどう判断しますか？　プログラムが間違っている？　それとも使い方（入力したデータ）が間違っている？

　コンピュータはプログラムに従って情報を処理します。その過程に誤りがなかったとしても、出力した答えが正しいとは限りません。コンピュータの出した答えが適切かどうか最終的に判断するのは私たちの仕事です。

1　間違いはどこにある？

　プログラムを作ったら、それが正しく動作しているかどうかを調べましょう。2つの数を使った「足し算プログラム」ならば、計算に使う値を変えて何度か実行してみてください。このときのポイントは、**答えがわかっている値で試す**ことです。「123＋456」ならコンピュータの出した答えが正しいかどうかすぐに判断できますが、たとえば「1684358＋96752」を検算するには電卓を使わなければなりません。ここで間違えたら元も子もありませんね。

確認作業は必須 ➡　何度か試してみてコンピュータの出した答えに間違いがなければ、プログラムは正しく動作していると判断できます。反対に「何度試しても答えがおかしい……」という場合は、もう一度、プログラムを確認しましょう。どこかに間違いがあるはずです。

不具合の発見は ➡
根気強く　少し複雑なプログラムになると「時々おかしな答えになる」ということがあるかもしれません。そういう場合は「時々」がどんなときかを明らかにすることから始めましょう。入力する値を変えるとどうなるか、手順を変えるとどうなるか、詳しくメモをとりながらプログラムを実行してください。ここでのポ

イントは、**ひとつずつ試す**ことです。入力する値を変えて、さらに手順まで変えてしまったら、データに原因があるのか、それとも手順（処理の順番）に原因があるのかが判断できなくなってしまいます。

プログラムの誤りか、➡
入力データの誤りか

いろいろ試してみて「こんなときに、こういう結果になる」ことがわかったら、対策を考えましょう。たとえば「負の数を入力したときだけおかしい」という場合は「負の数」がコンピュータへの入力情報として正しいかどうかを確認してください。100点満点のテストの平均を求めるときに「−90」が入力されれば、当然コンピュータの出す答えはおかしな値になるでしょう？　この場合は、プログラムではなく、使い方の間違いと判断できます。ただ、このような入力ミスは頻繁に起こることが予想されます。負の数が入力されたときはメッセージを表示するなど、プログラムを工夫することで、「時々おかしな答えになる」という状況は解決できます。

同じ平均値でも、札幌の年間平均気温を求めるのであれば「負の数」は正しい入力情報です。それにもかかわらず負の数を入力したときだけ答えがおかしいという場合は、プログラムを確認してください。必ずどこかに間違いがあります。

2 AIが出した答えは本当に正しい？

プログラムの間違いは全部直した。だから、コンピュータが出した答えは正しい——とはいえませんね。プログラムに誤りがなくても、コンピュータに入力するデータが間違っていたら、正しい結果は得られません。「そんなの当たり前でしょ？」と思ったかもしれませんが、それは頭の中に描いたプログラムが「足し算」や「平均値」を求める簡単なものだからです。もっと複雑なプログラム——たとえば「AIが判断した」といわれたときに、その結果を疑う自信はありますか？

「AIがいうことは正し➡
い」というのは幻想

2月3日の野外イベントで冷たいジュースが3,000本売れる——このようにAIが予測したとしましょう。イベントの定員数は1,000人です。なんとなく「おかしいな」とは思っても、AIが間違うはずはないし……。結局、AIがいうとおりに冷たいジュースを3,000本仕入れて赤字になった……。これは「AIは間違わない」という思い込みが招いたことですが、実はいま、AIを使ういろいろな場面で、同じようなことが起きています。

そもそも、なぜ「AIは間違わない」と思ってしまうのでしょう？　確かにAIが答えを出す過程はとても複雑で、私たちには到底理解できません[*1]。だから、AIが出した答えを信じるしかないのかもしれませんが、ちょっと待ってください。大事なこと——プログラムが正しくても、入力するデータが間違っていたら正しい結果は得られない——を忘れてはいませんか？

AIが答えを見つける方法 ➔　AIは膨大な量のデータを分析することで答えを導き出しています（図10-1）。どのような分析をしているのか詳しいことはわからなくても、図10-1は、これまでに見てきたコンピュータが情報を処理する過程と同じでしょう？　AIに与えるデータが変われば、答えも変わります。

図10-1
AIは大量のデータを分析して答えを見つける

ドリンクの需要を予測するAIは、過去の販売データの分析結果から答えを出すのですが、ここにドリンクの販売に関わる全データを過去10年分与えたときと、その中から冬期のデータだけを抜き出して与えたときとでは違う結果になるはずです。イベント会場付近のデータに限定すれば、さらに結果が変わるかもしれません（次ページの図10-2）。

基礎データが間違っ ➔　もちろん、AIで分析するデータは少ないよりも多いほうがよいのですが、
ていればAIだって判　AI自身に必要なデータを選ぶ能力はありません。必ず、与えられたデータを
断を誤る　すべて使って分析します。そのときに関係のないデータが含まれていたらどうなるでしょう？　本当は分析する必要のないデータに多くの計算時間を費やしていて、それが結果に影響を与えたとしたら、「2月3日の野外イベントで冷たいジュースが3,000本売れる」という予測が出てきても不思議ではありません。

AIを利用するときは、**むやみに大量のデータを与えるのではなく、特徴を捉えたデータを与える**ことが大切です。ドリンクの販売に関わる全データの中から「真冬の野外イベント」に相応しいデータをいかに見つけられるか——赤字を出さずにすむかどうか、すべてはここにかかっています。

[*1]　AIが何を根拠に答えを出したかがわからない状況を**ブラックボックス問題**といいます。

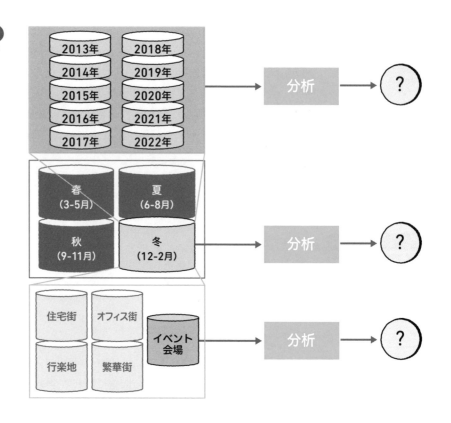

図10-2
本当に必要なデータは？

3 コンピュータにできること、人間がすべきこと

コンピュータは正しく動作している。入力したデータにも間違いはない。だから、コンピュータが出した答えは正しい —— といいたいところですが、本当にそうでしょうか？　そもそも「正しい」とはどういうことでしょう？

正解がない答えを
どう評価する？

「10＋5」のように誰が計算しても答えは「15」になるような問題であれば、コンピュータが出した答えは「正しい」と自信を持っていえますが、コンピュータが取り組む問題は正解があるものばかりではありません。たとえば「真冬の野外イベントで冷たいドリンクの需要がどれだけあるか」という問題には、正解がありません。こういう場合は、**コンピュータの出した答えが適切かどうかを判断する**ことになります。このときにコンピュータが何を根拠

に答えを出したかが明らかであれば判断しやすいのですが、そうでない場合[*2]
は、私たち自身が判断の根拠を示さなければなりません。そうでなければ、た
だの直感になってしまいます。それでは説得力がないでしょう？

　コンピュータの出した答えが適切かどうかを判断するには、コンピュータに
与えた問題に対して、私たち自身が十分な知識を持っていなければなりません。
ドリンクの需要を予測するのであれば、過去のドリンクの販売実績だけでなく、
ドリンクの売れ方に気温や天気は影響するのか、場所はどうか、集客数はどう
かなど、いろいろな情報を集めたうえで必要なデータを拾い出し、そこから大
まかな傾向をつかんでおくことが大切です。そのためには、**情報を整理する力**
が必要になります。バラバラになっている情報を意味のあるグループにまとめ
て特徴を洗い出す、統計を使った分析結果をグラフ化してみる、さらに別の角
度からグループどうしを比較してみる……。そうやって情報を目に見える形で
整理していくと、新しい発見があるかもしれません。

結局、私たち人間の　⤵
知識と判断が大事

　「それが面倒だからAIを使おうと思ったのに……」といいたくなるかもしれ
ませんが、残念ながら、いまのAIには自ら問題の意味を理解して解決方法を
考える力はありません[*3]。私たちがそのしくみをよく理解したうえで利用しな
ければ、「なんだ、この程度のものか」という結果しか得られないのです。

　しかし、「この程度のもの」と判断できたのなら大丈夫です。次はもう少し
良い結果になるように、コンピュータに入力するデータを工夫したり、プログ
ラムを調整[*4]したりすればよいのですから。コンピュータが出した答えをきち
んと判断せずに頭から「コンピュータが出した答えは正しい」と信じ切ってい
たら、問題の解決どころか別の問題を引き起こすことにもなりかねません。い
まはまだAIのことはよくわからないかもしれませんが、AIの能力を引き出す
のも、その結果を判断するのも、私たちの仕事だということは、しっかり頭に
入れておきましょう。

[*2]　答えを出した根拠を可視化するAIもありますが、多くのAIはブラックボックスのままです。

[*3]　このようなAIを**「弱い人工知能」**といいます。反対に、自ら考えて行動する能力を持つAIを**「強い人工知能」**とい
　　います。研究や開発は行われていますが、現時点ではまだ世の中に存在しません。

[*4]　AIの場合は、プログラムというよりも「計算に使うパラメータ（係数）を調整する」というのが正しい表現です。

4 おわりに

改めていうまでもありませんが、私たちはこれから先、コンピュータを使わずに生活することはできません。それならば、コンピュータのしくみを理解したうえで使ったほうが、新しい発見があるに違いない——そこからスタートして、この本では、コンピュータを動かすために必要なプログラムの書き方を中心に説明してきました。プログラミング言語を使った説明ではないため、すべて頭の中で想像するだけでしたが、ほんの少しでも「おもしろそう」と思ったのなら、本物のプログラミングにも挑戦してみてください。実際に手を動かすことで、頭の中でぼんやりしていたことが、カッチリとした形になって見えてくると思います。

コンピュータとプログ ➡
ラムは便利な道具

そして、プログラミングという新しい道具を手に入れると、できることが広がります。たとえば「8月の最高気温を毎日記録してグラフを描く」という夏休みの宿題があったとしましょう。あなたならどうしますか？　紙と鉛筆を用意してグラフを手書きする？　それとも表計算用のアプリを利用する？——プログラミングができるようになると、もうひとつ、気象庁のWebサイトからダウンロード*5したデータを利用してグラフを描くという方法も選択できるようになります。「表計算のアプリと同じじゃないの？」と思うかもしれませんが、たとえダウンロードしたデータがあったとしても、表計算アプリを使うときは、シート上にデータを取り込んで、グラフに必要な領域を選択し、さらに軸タイトルや目盛りの設定などグラフの体裁も整えなければなりません。これらの作業をすべてプログラムに書いておけば、コンピュータが自動的にグラフを作成してくれます。また、一度プログラムを作っておけば、冬休みも次の年の夏休みも、そのプログラムを実行するだけで宿題は完成です。便利だと思いませんか？

情報を見極める力が ➡
あれば大丈夫

よく耳にする**データサイエンス**は、夏休みの宿題がもっと大規模になったものと考えるといいかもしれません。人間だけでなく、あらゆるモノがインターネットにつながったことで膨大な量の情報（**ビッグデータ**）が利用できるようになった現在、そこから何かを見つけて、いまある問題の解決につなげたり、新しい何かを作り出したりする分野です。そのためには、プログラミングの知識と情報を整理して分析する力、そして道具として数学や統計学、AIを使いこなす能力が求められます。——なんだか大変そう？

＊5　https://www.data.jma.go.jp/gmd/risk/obsdl/index.php

　もちろん、全部を一度に勉強するのは無理な話ですが、情報を整理する力は普段の生活の中で身につけることができます。私たちは毎日いろいろな情報に触れています。それを自分なりの法則——たとえば、必要／不要で分ける、優先度を決めて並べる、関係あるものとそうでないものを分ける……など、いろいろな形でまとめることから始めてみましょう。そのときに何を基準にまとめたかを意識するだけで、情報を整理する力は確実につくはずです。

　これから先、みなさんはどのようにコンピュータと関わっていくのでしょう。プログラミング、データサイエンス、もしかしたらコンピュータとは積極的に関わらず、これまでと同じように——といっても、みなさんはすでにコンピュータのしくみを理解しているので、これまでとまったく同じではありませんが——利用するだけかもしれません。どのような形であれ、大事なことはたったひとつ、

自分が何をしたいのか、目標をしっかり決めてから進むこと

です。プログラミングなら「何を作るのか」、データサイエンスなら「どのような問題を解決したいのか」、一般ユーザーとして利用する立場なら「何をしたいのか」、まずは目標をしっかり決めるところから始めましょう。目標が決まったら、そのために必要なものは何か、何をすればよいかを具体的に考えることができます。

　大丈夫、ここまで読み進めてきたみなさんには、しっかりと**考える力**が備わっています。自信を持って次の道へ進んでください。

索 引

ら行

本文＆カバーデザイン ❖ 田中 望（Hope Company）
カバーイラスト ❖ iStock.com/Fumika
本文図版 ❖ 田中 望（Hope Company）
組版 ❖ 技術評論社 出版業務課
企画＆編集 ❖ 跡部和之

これからはじめる「情報」の基礎
＜プログラミングとアルゴリズム＞

2023年 8 月 4 日　初版　第1刷発行

監修者　谷尻豊寿
著　者　谷尻かおり
発行者　片岡　巌
発行所　株式会社技術評論社
　　　　東京都新宿区市谷左内町21-13
　　　　電話　03-3513-6150　販売促進部
　　　　　　　03-3513-6166　書籍編集部
印刷／製本　図書印刷株式会社

定価はカバーに表示してあります

造本には細心の注意を払っておりますが、万一、乱丁（ページの
乱れ）や落丁（ページの抜け）がございましたら、小社販売促進部
までお送りください。送料小社負担にてお取り替えいたします。

ISBN978-4-297-13645-1　C3055
Printed in Japan